JN243857

THE ULTIMATE BUSINESS SKILLS TOYOTA WAY

トヨタ 仕事の基本 大全

㈱OJTソリューションズ

トヨタで求められる
「仕事の基本」とは
何だろうか。

指示どおりに正確な作業をすること？
納期どおりに淡々と作業を終えること？
与えられたノルマを達成すること？

こんなイメージを
もっている人が
多いかもしれない。

それは大きな勘違いだ。
トヨタで求められるのは、
金太郎飴のような従業員でも、
ロボットのような従業員でもない。

トヨタで求められるのは、
仕事の問題点を見つけ、改善し、
日々進歩すること。
つまり、従業員一人ひとりが、
自分の頭で考え、やりがいをもって
仕事をすることである。

だから、トヨタの現場は
強い。

そしてトヨタには、
誰もがそれを実現できる
メソッドがある。
「5S」「改善」「問題解決の8ステップ」
「成果を定着させる手法」……。
これらこそが、
トヨタで求められる
「仕事の基本」である。

はじめに

2012年から3年連続で世界販売台数第1位に輝くなど、日本を代表する企業であり続けるトヨタ自動車。その強さの理由は、どこにあるのでしょうか。

徹底的に効率化された生産システム？
安心・安全の品質に裏打ちされたブランド力？
ハイブリッド車、燃料電池車など世界の自動車産業を引っ張る技術力？
販売台数世界一を可能にしたマーケティング力？

どれもトヨタの快進撃を支える原動力といえます。
しかし、それらを支えているのは、現場で働く従業員たちです。
「ものづくりは人づくり」という言葉が語り継がれているように、長年にわたってトヨタでは人材教育に重きを置いています。

もちろん、ここでいう「人づくり」とは、与えられた仕事をそつなくこなす人材を育てることではありません。「やらされ感」で仕事をする人材ではなく、自分の頭で考え、仕事にやりがいをもって取り組む人材を育てることです。「自律的な人材」と言い換えてもいいかもしれません。

だからこそ、トヨタでは、入社1年目から徹底的に仕事の哲学やメソッドが叩き込まれます。トヨタの代名詞ともいえる「5S」「改善」「問題解決の8ステップ」といったメソッドも例外ではありません。

トヨタの仕事の哲学やメソッドは、机上の空論でも理想論でもありません。長年、上司から部下、先輩から後輩へと現場の実践の中で伝えられてきた生きた仕事の技術です。そこには、自分の頭で考え、仕事に問題意識をもって取り組むための秘訣が詰まっています。

一方、読者のみなさんを取り巻く仕事の環境はどうでしょうか。

経済や企業のグローバル化によって、日本企業にもスピード感のある事業展開が求められています。そうした状況下では、成果を出すことが優先され、人材を育てることがあとまわしにされがちです。

昔のように研修をみっちりやり、上司や先輩がじっくりとＯＪＴで仕事を教えていくのはむずかしくなっているのが現実です。若手社員であっても、会社がレールを敷いてくれることを当てにせず、自分から積極的に動き、学んでいこうとしなければ、取り残されてしまいます。

本書は、若手社員が早く一人前になるために覚えておきたい、仕事をするうえでの考え方、習得しておきたい仕事のスキルを紹介していきます。

もちろん、一生使える仕事の原理・原則が中心なので、若手社員にかぎらず、中堅社員の方が読まれても自分の仕事ぶりを見直すという意味で大いに参考になると思います。また、部下や後輩を教育する立場にある上司にとっても、人材育成のテキストとして活用いただけると自負しています。

新人もベテランも今日から変わる、「一生使える仕事の基本」です。

本書は、７つの章で構成されています。

第1章　トヨタが大事にしている「仕事哲学」では、トヨタで上司から部下へ、先輩から後輩へ引き継がれてきたその社内風土や仕事に取り組むうえでの原理・原則の中から要（かなめ）となるものをお伝えします。

第2章　トヨタの仕事の基本中の基本「5S」では、生産現場で日々当たり前のように実践されている「整理・整頓」（＝片づけ）にクローズアップします。整理・整頓をすることによって、生産現場だけでなく、オフィスワークも仕事の生産性がアップします。

第3章　すべての仕事のベースとなるトヨタの「改善力」では、トヨタの強さの源である「改善」のポイントをお伝えします。知恵を絞って仕事のムダをなくし、失敗を繰り返さないことによって、仕事はスピードアップし、成果も上がります。

第4章　どんな環境でも勝ち続けるトヨタの「問題解決力」では、トヨタ独自のメソッドである「問題解決の8ステップ」のエッセンスについて述べます。自分で問題を設定し、それを解決していくことによって、イノベーション（革新）に必要となる「思考力」も身につきます。

第5章　一人でも部下をもったら発揮したいトヨタの「上司力」では、トヨタの上司が、どのように部下や組織を指導しているかあきらかにします。自律的に考え、動く部下を育てる本当のリーダーシップが身につきます。

第6章　生産性が倍になるトヨタの「コミュニケーション」では、トヨタのチームワークについてお伝えします。どんな仕事でも必要とされる人間関係構築のメソッドやコミュニケーションのコツが詰まっています。

第7章　すぐに成果が出るトヨタの「実行力」では、誰もが身につけたい「実践する力」について解説します。トヨタでは、従業員一人ひとりが目標に向かって結果を出し、それを会社全体の成果として定着させていきます。そんなトヨタの実行力の一端をあきらかにします。

本書の内容は、おもに1960年代前半から2010年代前半にかけてトヨタに在籍し、以後、株式会社OJTソリューションズ（愛知県名古屋市）にてトレーナーとして活動してきた元トヨタマンの証言やエピソードのエッセンスを抽出し、トヨタ以外のビジネスパーソンでも活用できるようにまとめたものです。

「トヨタだからできるのだ」「うちはサービス業だから工場のノウハウは役に立たな

い」などと思われる方もいるかもしれません。

しかし、「トヨタの仕事の基本」は、トヨタでしか通用しない考え方やメソッドではありません。どんな業界・会社で働く人でも活用できるものです。工場で働く人、オフィスで働く人を問わず、すべてのビジネスパーソンが基本として身につけておきたい仕事の原理・原則が凝縮されています。

実際に、トヨタ出身者で構成されるＯＪＴソリューションズのトレーナーたちが指導する会社は、国内の製造業にかぎらず、小売業、建設業、金融・保険業、卸売業、サービス業（医療機関・福祉施設・ホテルなど）、自治体、海外企業の製造業までさまざまな地域・業種・職種に及び、大きな成果を上げています。

仕事ができる人、仕事を通じて成長する人には、変わらぬ基本原則があるのです。

ＯＪＴソリューションズ

CHAPTER 1

仕事哲学

トヨタが大事にしている「仕事哲学」

CHAPTER

2

5S

トヨタの仕事の基本中の基本「5S」

CHAPTER

3

改善力

すべての仕事のベースとなるトヨタの「改善力」

CHAPTER 4

問題解決力

どんな環境でも勝ち続けるトヨタの「問題解決力」

CHAPTER 5

上司力

一人でも部下をもったら発揮したいトヨタの「上司力」

CHAPTER

6

コミュニケーション

生産性が倍になるトヨタの「コミュニケーション」

CHAPTER 7

実行力

すぐに成果が出るトヨタの「実行力」

本文デザイン／高橋明香（おかっぱ製作所）

本書に登場するトヨタ用語集

【班長・組長・工長・課長】

本書で登場するトヨタの職制。「班長」は、入社10年目くらいの社員から選ばれ、現場のリーダーとして初めて10人弱の部下をもつことになる。その後、数人の班長を束ねる「組長」、組長を束ねる「工長」、工長以下数百人の部下を率いる「課長」という順に職制が上がっていく。現在のトヨタでは呼称が変えられており、「班長」が「TL」(チームリーダー)、「組長」が「GL」(グループリーダー)、「工長」が「CL」(チーフリーダー)となっている。

【トヨタ生産方式】

ムダの徹底排除で原価低減を進めながら、もののつくり方、作業のやり方についてあらゆる角度から合理性を追求する独自の製造技術。よりよい品質の製品を、より安く、タイミングよく、より多くの人に供給するための全社的なしくみである。

【自働化】

豊田佐吉の時代から受け継がれる「異常が発生したら、機械やラインをただちに停止する」というトヨタ生産方式の柱となる考え方。止めることによって異常の原因を突きとめ、改善に結びつける。この考え方にもとづいて生まれたのが、異常発生を表示装置に点灯させる「アンドン」である。

【ジャスト・イン・タイム】

自働化と並びトヨタ生産方式の柱となる考え方。現場からムダをなくして、作業の効率を高め、「必要なものを、必要なときに、必要なだけつくる」ことをいう。

【改善】

トヨタ生産方式の核をなす考え方。全員参加で、徹底的にムダを省き、生産効率を上げるために取り組む活動。今では数多くの企業で行なわれており、日本の製造業の強さの源泉とも言われる。

【5S】

整理・整頓・清掃・清潔・しつけの頭文字をとって「5S」と呼ぶ。5Sは単にキレイに片づけるのが目的ではなく、問題や異常がひと目でわかるようにして、改善を進めやすくするのが目的である。

【真因】

問題を発生させる真の原因のこと。これに対策を打てば2度と問題が再発しない。一方、要因とは、ひとつを解消しただけでは問題が再発するような表面的な原因のこと。

【問題解決の8ステップ】

トヨタで使われている問題解決のプロセス。①問題を明確にする、②現状を把握する、③目標を設定する、④真因を考え抜く、⑤対策計画を立てる、⑥対策を実施する、⑦効果を確認する、⑧成果を定着させる――というステップを踏むことによって、勘や経験に頼ることなく、論理的な思考や分析で効率的に問題を解決できる。

【QCサークル】

「Quality Control」の略。職場の中で、改善活動を自主的に進める集団のことで、トヨタの場合、4～5人ほどのメンバーで構成される。全員がリーダー、書記などの役割を分担し、職場の問題点の改善や、よい状態を維持するための管理活動を実践していく。

【標準】

現時点で品質・コストの面から最善とされる各作業のやり方や条件で、改善で常に進化させていくもの。作業者はこれにもとづきながら仕事をこなしていく。作業要領書や作業指導書、品質チェック要領書、刃具取り替え作業要領書などがある。現場の知恵がつまった手引書でもある。

【現地・現物】

「現場を見ることによって真実が見える」というトヨタの現場で重視されている考え方。物事の判断は、現場で実際に起きていること、商品・製品そのものを見て行なうべきだとされる。

【5大任務】

①安全、②品質、③生産性、④原価、⑤人材育成の5つ。現場管理を行なううえで、トヨタの管理監督者が徹底すべき仕事の基本。

【歯止め】

問題が一時的に解決して一件落着とせず、問題への対策を標準化し管理を定着をさせること。

【横展（よこてん）】

「横展開」の略。トヨタ生産方式の用語で、あるラインや作業場などで成功した対策をほかの類似のラインや作業場に展開すること。

【インフォーマル活動】

職場を中心とした縦のつながりに対して、別の部署、別の工場の社員と交流会や相互研鑽の場、レクリエーションなどを通じて、横のつながりを活かしてコミュニケーションを図る活動。職制ごとの会（班長会、組長会、工長会）、入社形態別の会などがある。

【視（み）える化】

情報を組織内で共有することにより、現場の問題の早期発見・効率化・改善に役立てること。図やグラフにして可視化するなどさまざまな方法がある。

CHAPTER

1

仕事哲学

トヨタが大事にしている「仕事哲学」

「創意と工夫を盛んにせよ。」

――豊田式自動織機の発明者・豊田佐吉

CHAPTER_1

LECTURE

01 一人ひとりが「リーダー」になる

世の中には、「カリスマ」といわれる強力なリーダーシップをもった企業経営者が存在します。

マイクロソフトのビル・ゲイツ氏、アップルコンピュータのスティーブ・ジョブズ氏、ソフトバンクの孫正義氏などが代表的です。

では、トヨタのカリスマは誰か。

トヨタの関係者でもなければ、具体的に「この人！」という人物は挙がってこないのではないでしょうか。

そう、トヨタには、世間一般で言うようなカリスマは存在しないのです。

その背景には、トヨタが社員のことを「コスト」（人件費・費用）ととらえず、「人財」として扱ってきたことが関係しています。

地方都市にある中小企業にすぎなかった1960年代のトヨタは、大量生産をするために、日本各地からたくさんの中高卒の若者を採用しました。

大事なお子さんを預かったトヨタの経営陣は、何があっても従業員を路頭に迷わせるわけにはいきません。

だから、社員を「家族」としてとらえ、一時の結果にこだわらずに、「長い目で人を育てる」という会社の風土が生まれたのです。

社員を「人財」と考えるトヨタの原点には、このような「大家族主義」が存在するのです。


こうした社内風土のもとでは、社長や現場の従業員といった上下の立場の差は、「役割分担」でしかありません。

主役は、あくまでも現場の従業員一人ひとり。社長は従業員が働きやすく、能力を発揮できる環境を整える役割に徹してきたのです。

トヨタの人事・管理部門で長年働いてきた海稲良光（ＯＪＴソリューションズ専務

取締役）は、「トヨタにはカリスマ経営者はいないが、現場にカリスマと言える主役級の人材がたくさん生まれてくる」と話します。

「トヨタの現場には『班長』『組長』『工長』といったリーダーが存在しますが、彼らがチームの中心となって、組織を引っ張っていく。強いて言えば、トヨタはそういった面々がカリスマになるような会社です。このような人材が次々と育ってくるのは、『長い目で人を育てる』という風土があるからこそだと思います」

誰もがリーダーの自覚をもって仕事をする

こうした現場の従業員たちの仕事のベースとなるのが、効率的に付加価値の高い製品をつくり出すためのしくみ、具体的にいえば、「5S」「改善」「問題解決」などの手法なのです。

トヨタの従業員たちは、現場の仕事を通じてこれらをしっかり学び、仕事の付加価値を高めていく。そして、今度はリーダーとしてその知識と経験を次の世代に伝えていきます。このようにトヨタでは、次から次へと現場のリーダーを育てるための手法が確立されているのです。

こうした一連のプロセスは、従業員自身が成長すると同時に、会社の成長を支える結果にもなります。


「私はまだ下っ端だから」

「上司に言われたとおりに仕事をしていたほうが楽」

そんな言葉を発していないでしょうか。

受け身で仕事をしていては、付加価値の高い仕事はできません。

たとえ管理職の肩書はなくても、部下や後輩が一人でもいればリーダーシップを発揮しないといけませんし、大小問わずプロジェクトを任されれば立派なリーダーです。少なくとも自分の担当している仕事の範囲内で責任をもつという意味で、誰もがリーダーになる必要があります。

まずは「自分がリーダーである」という自覚をもって仕事に臨むことが大切です。

CHAPTER_1

仕事哲学

LECTURE

02

「2つ上の目線」で見る

トヨタではよく「2つ上（の目線）で見なさい」と言われることがあります。

たとえば班長なら1つ上の組長ではなく、2つ上の工長の目で見る。組長であれば1つ上の工長ではなく、2つ上の課長の目で見るということ。要するに、常に自分が今いるところよりも高い視点に立ってものを見ることの重要性を説いているのです。

この言葉は、ＯＪＴソリューションズの専務取締役の海稲良光も、しばしば上司から言われてきたと言います。

人事・管理部門で働いてきた海稲は、20代後半の頃、上司から「人事課長として仕事をしていると思いなさい」と言われ、驚いたことがあります。

たとえば、社内の人事異動の仕事に関わるとき。

2つ上の目線で見る

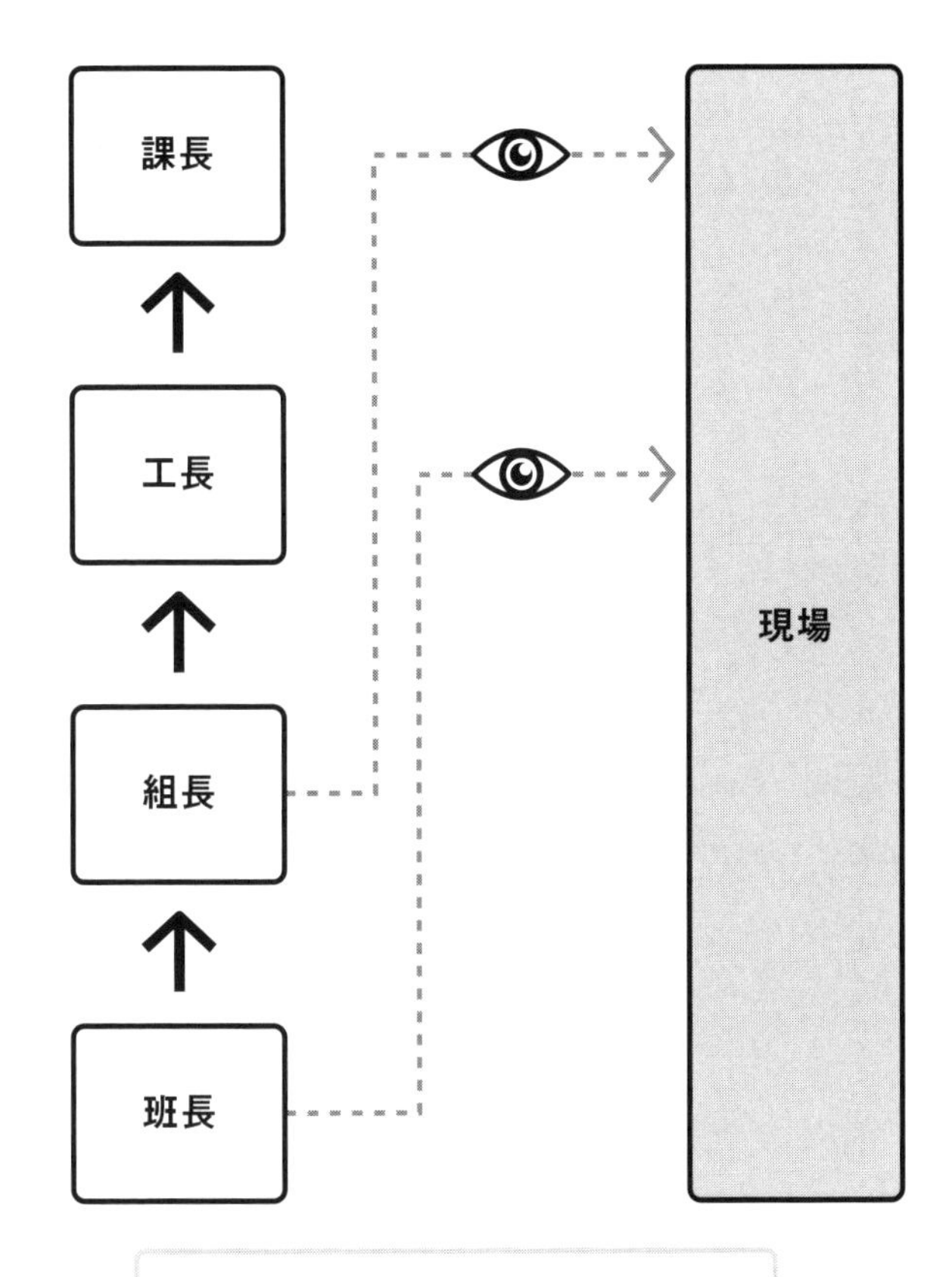

班長は工長、組長は課長の目線で見る

「あなたの課のAさんは別の課に異動してもらいます」と事務的に伝達するだけでは先方の課長は納得しません。Aさんが優秀な人材だったら、なおさらです。

こういうときこそ、たとえ自分は一般社員であったとしても、「人事課長として仕事をしている」くらいの意識でないと、相手を納得させられません。

課長の目線に立って、「その部署は将来どうあるべきなのか」「Aさんを幹部候補生としてどのように育てていくべきなのか」という中長期的な視点を踏まえながら、先方の課長を説得する必要があります。

「2つ上の目線で見ること」は、仕事の改善を進めるうえでも役に立ちます。

等身大の視点で考えると、現状の延長線上での改善にとどまってしまいます。あげくの果てには「もう改善することなんてないじゃないか」と感じるようになります。

しかし、今よりも2つ上の視点に立ち、これまでの見方をガラッと変えてみれば、まったく新しい発想が生まれます。

たとえば、3~5年後の目標として「生産性を2倍にしよう」「不良率をゼロにしよう」「段取り替えの作業時間を半分にしよう」と考え、高い視点に立って改善提案を考えてみると、意外にうまくいったりするものです。

あなたが一般社員なら、たとえば2つ上の課長の視点で仕事をとらえてみる。係長なら部長の目線をもちながら仕事をする。「上司の上司」の視点を意識することで、上司がなぜその仕事を依頼したのか、どのような問題意識があるのかが理解できます。「課長ならどうするか」「部長はどんな悩みを抱えているか」といったことを普段から意識しておくと、まわりから一目置かれるような仕事ができるようになります。

社内にかぎらず、お客様と接するときも、自分の立場より上の視点をもてるかどうかで仕事の成果が大きく変わってきます。

「お客様と同じ目線をもちなさい」とよく言われます。これはある意味で正しいのですが、それだけでは十分ではありません。

お客様と同じ目線だけで見ていたら、お客様のニーズを完全に満たすことはできません。「お客様よりも2つ上の目線」をもちながら、「お客様と同じ目線」で語りかけていく。2つ上の視点と同じ視点。この両者があって初めて、お客様に満足してもらえる商品・サービスを提供できるのです。

CHAPTER_1

仕事哲学

LECTURE

03 「誰から給料をもらうか」を考える

あなたは、誰から給料をもらっていますすか。

上司ですか。
社長ですか。
会社ですか。

どれも違います。
トレーナーの堤喜代志も若い頃、上司から「おまえ、誰から給料をもらっているかわかるか」と聞かれたことがあります。

堤が、「課長です。いや、会社です」と答えると、上司はこう言いました。

「違うよ、お客様だよ。お客様が車を買ってくださるから、うちの会社はそのお金で次の車をつくって売れる。給料はお客様からもらうんだ」

会社のためにいいものをつくれば会社は喜ぶかもしれないけれど、そうではない。お客様に喜んでいただくためにものをつくっている。堤は、そう教えられたのです。

堤はトレーナーとして企業の指導をするときも、そこの社員に「あなたは誰から給料をもらうのですか」と尋ねるようにしています。

すると、かつての堤のように、「部長です」「会社です」など、いろいろな答えが返ってきます。

そこで、「私も若い頃はそう思っていたのですが、実は違うんです。給料はお客様からもらっているんですよ」と話していきます。すると、仕事に対する取り組みや考え方が変わっていきます。

給料はお客様からもらっている

トヨタには、「仕事における五大任務」というものがあり、堤は指導先でも五大任務について説明することが多くあります。

五大任務とは、トヨタの管理監督者が徹底すべき、仕事の基本といえます。

❶安全（安全で働きやすい職場をつくる）
❷品質（不良をつくらない）
❸生産性（短い時間で必要数を納期どおりにつくる）
❹原価（できるだけ安くつくる）
❺人材育成（優秀な人材を育成し、定着させる）

五大任務について説明するときも、「給料はお客様からもらっている」から出発すると、これらについての理解が表面的なもので終わらず、より深いものとなるのです。

たとえば、お菓子メーカーで「❶安全」の話をする場合は、「給料はお客様からもらっている。だから、お客様の健康を損なうものをつくってはいけない。安全を第一に考えることが大切です」となります。

「❷品質」の話をするときは、「給料はお客様からもらっている。だから、お客様がまずいと感じるものはつくってはいけない。品質が大切です」となります。

「❸生産性」の話をする場合は、「給料はお客様からもらっている。だから、お客様が欲しいと思ったときに製品ができていないといけない。それに応えられる生産体制が大切です」となります。

「給料は、お客様からもらうもの」

これは、どんな仕事にも当てはまることです。

こうした仕事の原理・原則を押さえておくと、仕事の手は抜けませんし、「もっとお客様が喜んでくれるような商品・サービスを提供しよう」という発想になっていきます。

あなたのお客様が、どうすればもっと喜んでお金を払ってくれるか、じっくり考えてみましょう。

LECTURE

04 「動く」ではなく「働く」

ＯＪＴソリューションズの専務取締役である海稲良光が、ある自動車部品メーカーの工場内を見学したときのこと。

現場の管理監督者に案内してもらったところ、倉庫は在庫で山のようになっており、通路も狭く曲がりくねっていました。そんな中、鮮やかなハンドリングで小回りよくフォークリフトを運転する作業者がいました。

案内をしてくれた現場の管理監督者は、その作業者を指差しながら、海稲に対して自慢げにこう言いました。

「彼は運転うまいでしょ。コーナーに来ても、スピードを落とさず、すっと曲がれるんです」

海稲はその言葉を聞いて驚きました。フォークリフトの運転がうまいのは、すばらしい。しかし、その作業の中身はというと、ものをただ右から左に動かしているだけ。その作業自体は、付加価値を生んでいないのです。その作業に対して、お客様がお金を払ってくれているわけではありません。

トヨタ生産方式の基礎をつくったトヨタの元副社長・大野耐一の言葉に、こんなものがあります。

「動いているけど、働いていない」

たいして価値もない作業をして、「忙しい、忙しい」と言っているケースは少なくありません。これでは、単に「動く」という行為でしかありません。体は動いて忙しそうに見えても、価値を生むような生産的な動きになっていなければ、働いているとはいえません。

動いていれば「仕事をしている」という感覚にとらわれやすいですが、それではダメです。ちょっと立ち止まってみて、「この動きはムダではないか」「この動きは付加価値を生んでいるだろうか」と問い直してみることが大切です。

自分にとって価値を生み出す仕事とは何か

あなたが家電メーカーの社員として、家電量販店の営業を担当しているとします。まず、売り場を見に行って、自社商品の売れ行きをチェックする。それから、バックヤード（売り場の裏側の倉庫や控え室など）に不足している商品を取りに行き、棚に補充する。これが日課になっていました。

ところが、棚からバックヤードまでは片道6分かかります。往復12分を移動に費やさなければいけません。とても非効率です。

営業担当にとって、いちばん大事な仕事は何でしょうか。

そう、売り場の責任者の時間を確保し、商談をすることです。できるだけいい場所に自社商品を置いてもらったり、新商品情報を提供して注文を多くもらうことによって、売上を伸ばすことができます。

バックヤードまで片道6分かけて商品を取りに行くのは価値を生み出さないムダな時間です。その時間を商談に当てたほうが売上につながります。

たとえば、一度売り場に行く前に、事前にバックヤードから商品をピックアップし、補充が必要なものだけ棚に置いてくる。そうすれば、売り場とバックヤードをムダに往復する必要はありません。

忙しそうに動いていれば、自分もまわりの人も仕事をしているような気分になります。しかし、価値を生むような生産的な動きになっていなかったら、「動いているけど、働いていない」という状態にすぎません。

「自分にとっていちばんの仕事は何か」
「何をやると価値が生まれるか」

あらゆる仕事において、こう自問自答することで、あなたの仕事は何倍も効果を生むことになります。

LECTURE

05 「横にたくさんできる人」になる

トヨタには、「多能工」と「多台持ち」という2つの考え方があります。

「多能工」とは、多種類の機械を操作できる作業者のことで、いざとなったら、自分の担当範囲以外の作業をすることができます。

一方、「多台持ち」は、同じ種類の機械を何台も担当すること。

トヨタでは、さまざまな種類の仕事ができる多能工のほうが尊重されてきました。その始まりは、トヨタ生産方式の生みの親として知られる大野耐一の時代までさかのぼります。

1940年代、大野がトヨタ自動車にやって来た当時は、旋盤（せんばん）なら旋盤、ボール盤ならボール盤と、作業者は自分が担当する機械しか担当していませんでした。自分が関わっているところはくわしく見ているのですが、別の機械には関与していない。

そこで、大野は「作業者はもっと幅広い分野に関与したらどうか」と考えたのです。

実際、大野のもとで働いた経験のあるトレーナーは、熱処理の班で炉の管理をしていましたが、いつも仕事があるというわけではありませんでした。炉が普通に動いているときは手が空くので、熱処理の班の作業者は、人手が足りない班を手伝っていたと言います。

現場の作業者たちが、自然発生的に勝手に多能工をやっていた、というわけです。

このように自分の専門をもちながら、ほかの分野の仕事もできる多能工がたくさんいれば、生産の変動に合わせて、作業者を忙しいラインに移動させることができ、また、人を自由に組み合わせることができます。現場は柔軟性が増し、会社も強くなるのです。

専門分野を軸に幅広いスキルをもつ多能工の考え方は、「T型人材」と言い換えられます。トヨタでは、業務知識などの広い知識（Tの横棒部分）とひとつの分野での深い専門性（Tの縦棒部分）を併せ持った人材を育成することを目指しています。

特定の分野に特化した「I型人材」（スペシャリスト）も重要ですが、グローバル競争が激化しているビジネス社会では、幅広い知識をもって、ほかの分野の人たちと積極的に連携して、アイデアを実現する人がますます求められているのです。

専門分野を深めながら、それ以外の知識を身につける

「横にたくさんできること（T型人材になること）は、会社のためだけでなく、本人のためにもなる」と語るのは、トレーナーの高木新治。


「会社には、特定の人しかできない専門的な仕事もあります。もちろん、それは強みでもあるのですが、『あの人しかできない』ということになると、本人はどんどん図々しくなる。態度が大きくなり、まわりの雰囲気も悪くなります。そういう人は、成長が止まってしまいます。

私は溶接の現場で働いていたのですが、溶接の腕が立つ部下には、あえて一時的に

加工など、溶接以外の現場で技術を学ばせるようにしていました。知らないことを学ぶことで謙虚な姿勢になるだけでなく、前後の工程や幅広い業務知識をもつことで、溶接の仕事に対する取り組み方も変わります。結果的に、より幅広い視野をもって1段上の仕事ができるようになります」

横にたくさんできることは、ビジネスパーソンとして生き延びる術（すべ）にもなります。会社や経済の状況によっては、人員調整が必要になることもあります。そんなとき、横にたくさんできる人材として、こっちもできれば、あっちもできるというマルチスキルになっていれば、長く働きやすくなります。

また、幅広い知識や視点から、ほかの部署を巻き込むようなアイデアを出して率先して実行できる人材は、会社でも重宝されます。

他人よりも秀でた専門ジャンルを究めるのは大切ですが、同時に、会社の部署を横断するような知識や業界に関する幅広い知見についても身につける。たとえば、開発の部署で専門的な研究をしているなら、営業の仕事や業界のトレンドも押さえておく。

こうした心がけが、これからのビジネス社会を生き抜くうえで重要になります。

CHAPTER_1

仕事哲学

LECTURE

06 品質は「工程」でつくり込む

トヨタには、「品質は工程でつくり込む」という考え方があります。「これは、『自工程完結』という言葉に言い換えることができますが、自分の工程で品質を保証できるまでつくり込む、つまり不良が出ないようにすること」と説明するのはトレーナーの近藤刀一。

自工程完結は、トヨタ生産方式の2本柱である「ジャスト・イン・タイム」と「自働化」の実現のために必須となる考え方です。生産される製品が常に良品でなければ、この効率的生産システムは成立しません。

生産の工程で作業者が責任感をもって品質を確かめ、良品だけを後工程に流す。そうしたつくり込みによって、トヨタの生産システムは支えられているのです。

たとえば、塗装のラインで、もし塗装にムラがあったり、塗り残したところがあったりすれば、出荷前に塗装をし直さなければなりません。そうすれば、当然、塗料代や乾燥のための電気代が余分に発生し、手間も時間もかかります。

しかし、塗装の工程でミスがゼロといえるまでつくり込み、自分でチェックしてから後工程に渡せば、こうしたムダはなくなりますし、検査の工程そのものが必要なくなります。

検査そのものは価値を生みません。できあがったものの良し悪しをどんなに検査で精度高く判定できても、製品の品質はよくなりません。検査の工程を省けるほどに自工程完結を徹底できれば、当然、品質は高くなっていきます。

トヨタには、「前工程は神様、後工程はお客様」という言葉があります。

どんな仕事にも自分の仕事を準備してくれる前工程があり、自分のやった仕事を引き継いでくれる後工程があります。

不良品を次の工程に流してしまえば、当然、後工程でトラブルが発生し、ラインが止まってしまいます。

後工程が仕事をやりやすいように仕事を渡さなければ、多くの人に迷惑をかけ、結局自分の首を絞めることになります。

漠然と作業をしていたら、ミスを垂れ流す結果になり、後工程に迷惑をかけます。

しかし、自工程完結を心がけていれば、「この車のこの部分は私がつくっているんだ」という責任感も芽生えて、ミスも減っていきます。

これは、オフィスの仕事でも同じです。

たとえば、上司に頼まれた見積書を作成したときに、計算間違いをしていたら、上司は計算し直さなければなりません。

もし上司もその計算ミスに気づかなければ、あとでお客様とのトラブルになって、尾を引くことになります。

「ミスがあっても誰かがカバーしてくれるだろう」というのは甘い考えです。

自分がする仕事の品質は、自分の工程でつくり込む。1枚の書類でも間違いがないか、提出する前に校正したり、金額の検算をしたりする。そうした一つひとつのつくり込みが、あなたの仕事の信頼度を高めるのです。

一人ひとりが生産担当であり、検査担当者

自工程完結が徹底していない職場

良品か?

A工程 → B工程 → 検査工程

NO 手直しまたは不良品箱へ

このくらいでいいか……

問題があったらあとで対処しよう

コストも時間もかかる

自工程完結が徹底している職場

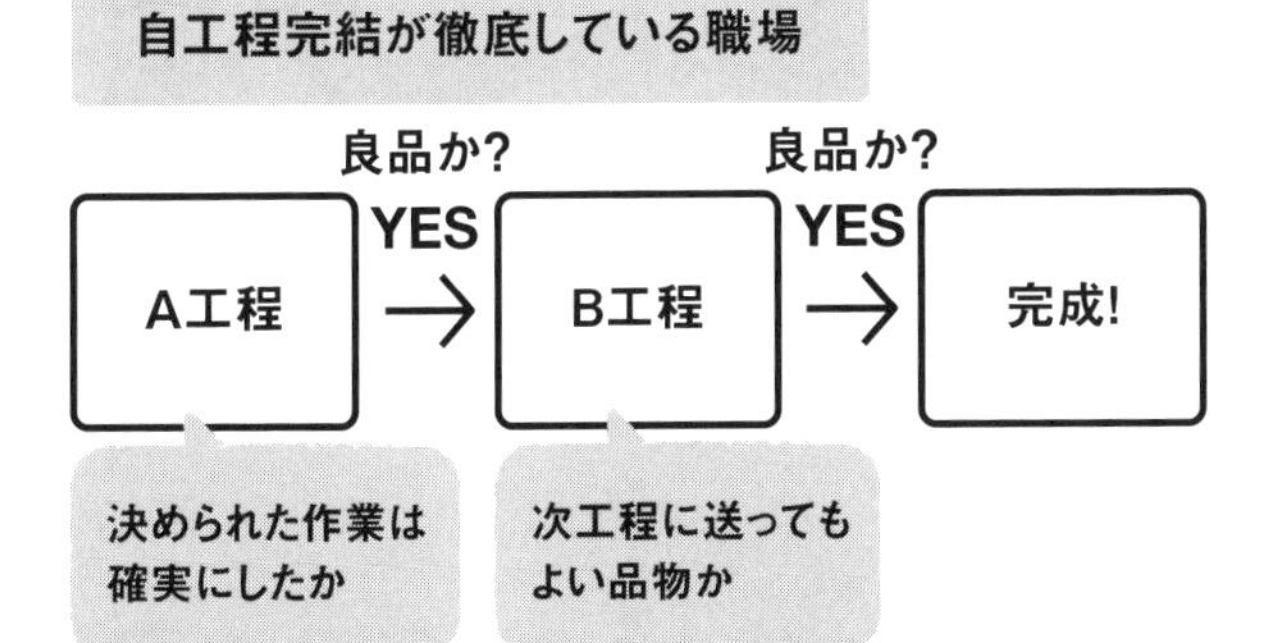

ムダがなくなり品質も高くなる

LECTURE

07 「者」に聞かずに、「物」に聞く

トヨタの現場でよく言われている言葉のひとつに、「者に聞くな、物に聞け」というものがあります。

「者」とは「人」のこと。一方、「物」とは「現場」や「商品・製品」のことです。

あるトレーナーは、トヨタ時代、こんな経験をしたことがあります。

機械のトラブルが発生したとき、管理監督者だったそのトレーナーは、作業者からその報告を聞いて、それをそのまま直属の上司に報告しました。

すると、その上司は「本当にそうなのか」と言って、現場を見に行ってしまいました。そして、帰ってくるなり、「おまえの言っていることと、実際の現場は違うじゃないか」と指摘したのです。

このとき、トレーナーはひと言も言い返せませんでした。

現場の作業者から聞いたことと、実際に現場で起きていることとが食い違っていることはよくあります。だから、トヨタの管理監督者は、部下からの報告に頼りきるのではなく、実際に自分の目で現場を見て、何が起きているのかをつかむことを大事にしています。

人の言うことを信用することは大切です。

しかし、人は何か失敗した場合、どうしても自己防衛本能を働かせてしまい、100%正直なことを上司には言わないものです。だから、管理監督者は、自ら足を運んで現場を見るのです。

「者に聞くな、物に聞け」という言葉は、トヨタで重視されている「現地・現物」という考え方にもとづいています。

これは、物事の判断は、現場で実際に起きていること、商品・製品その物を見て行なうべきだということです。

だから、トヨタでは、上司に何かを報告するときには、必ずこれらを見たうえで報告しないと、上司に見抜かれてしまいます。報告書を読んだり、報告を聞いたりしているときに、「本当にそうか。本当にそうなの？」としつこく聞いてきたり、「何を見て、こう言っているんだ？」と鋭く突いてくるのです。

現地・現物を見ないで報告していると、主張や意見、質問に対する返答があいまいになります。一方、現場に行った人は事実を見ているので、自信をもって話す。身ぶりや手ぶりを交えながら、堂々と話すことができる。決して推測で発言したりしません。だから、説得力も増します。

「現地・現物」を見ないと判断を誤る

「現地・現物」の考え方は、あらゆる仕事に通用するものです。

たとえば、ある食品メーカーが売り出した調味料Aは、ライバルメーカーの調味料Bに売上面で大きく水を開けられていました。

開発部は、調味料Aは原料にもこだわり、味も品質も調味料Bより勝っていると自信をもっていただけにショックでした。

営業部からは「調味料Bに比べて価格が高いのが苦戦の原因。もっと値段を下げるべきだ」という意見が上がってきました。

納得できなかった開発部の部員が、実際に商品が並んでいるスーパーに見に行くと、ある事実がわかりました。

調味料Aが並んでいたのは、激安を売りにする大衆的なスーパーがメインで、調味料Aのメインターゲットである高級志向のお客様がやって来る高級スーパーや百貨店には、ほとんど並んでいなかったのです。

激安スーパーの店員さんに聞いてみても、「うちは安いほうが圧倒的に売れるんですよ」とのこと。

つまり、必ずしも価格が高すぎたわけではなく、ターゲットとなるお客様の目に留まっていなかったのが原因だったのです。

ビジネスの現場では「上司が言っていたから」「データが示しているから」という根拠で判断されることが多くあります。すべてが参考にならないとはいいませんが、現場を見ないと、判断を誤ることがあります。

現場で自分が目で見た物こそが事実であると確信をもつことが大切です。

LECTURE

08 「問題がない」ことが最大の問題

トヨタ生産方式を支えているのが、「改善」であり、「問題解決」です（それぞれ第3章と第4章でくわしく説明します）。

トヨタでは、創業間もない頃から改善や問題解決が行なわれ、いまや海外の企業にマネされるほどに成熟しています。まさに改善や問題解決は、トヨタを支える文化といっても過言ではありません。

トヨタでは、問題に気づくこと、そしてその問題を改善していくことが、従業員の基本スキルに位置づけられているのです。

「困らんやつほど、困ったやつはいない」

トヨタの元副社長であり、改善の鬼でもあった大野耐一は、こんな言葉を残しています。言い方を変えれば、「問題がないということが最大の問題」という意味です。問題を発見して改善を繰り返していくことが、人を育て、会社を強くしていくことであるというメッセージが込められているといってもいいでしょう。

しかし、多くの会社では、「問題があるのに問題視していない」という状態が放置されています。

トレーナーの大鹿辰己は、「指導先に行って最初にする仕事は、問題を問題として認識してもらうことだ」と言います。

たとえば、ある指導先は、営業の売上ノルマが達成できていませんでした。大鹿が「営業担当の行動を把握していますか」と尋ねると、マネジャーは「日報を書いているから大丈夫です」と胸を張ります。

しかし、突っ込んで話を聞いていくと、実は一部の社員が日報を書いていない事実に気づきます。日報による情報共有ができていないという問題が発生しているのに、実際は問題として認識していなかったのです。

その会社では、こうした気づいていない問題が絡み合って営業ノルマの未達につながっていたのです。

「もっと……できないか」を口ぐせにする

製造現場の場合、不具合やミスがあれば、それが現物（不良品）となって目の前にあらわれます。だから、問題を発見しやすいといえるでしょう。

しかし、オフィスワークや営業の場合は、問題が明確になって目の前にあらわれにくいといえます。

たとえば、営業・サービスなどの現場でも、クレームや売上減など明確な現象がなければ問題としてとらえにくい。お客様の多くは不満を明確に伝えることなく、離れていくものだからです。また、事務仕事の生産性や効率を数字にあらわすのはむずかしいでしょう。

そういう職場で働く人ほど、「問題をきちんと問題としてとらえる」スキルが必要になります。

長い間、同じ仕事を同じようなやり方でやっていると、問題があっても、それが当たり前になってしまいます。だからこそ、トヨタでは、「問題のない仕事はない」という意識をもって仕事に取り組んでいるのです。

どんな仕事にも、大なり小なり必ず問題が潜んでいます。

「今の仕事のやり方がベストではない」と常に疑問をもつことが問題を認識するための第一歩。

「もっと楽できないか」
「もっとものを減らせないか」
「もっとお金をかけずに済まないか」
「もっとムダを減らせないか」

このように「もっと……できないか」という言葉を口ぐせにして仕事をとらえると、問題が見つかりやすくなります。

CHAPTER_1

仕事哲学

LECTURE

09 改善・問題解決に終わりはない

「改善は永遠なり」とトヨタではいわれます。「改善に終わり」はなく、いつまでも改善すべき点は生まれるというわけです。

たとえば、車両にテールランプ（後部にあるライト）を取り付ける工程でも、時代が変われば、車両も変わるし、テールランプの大きさや形も変わる。近年では、LED（発光ダイオード）を使うようにもなりました。生産方式そのものが変わることもあるでしょう。

だから、改善は永遠に終わらないのです。

それは、オフィスの仕事でも同じ。

同じ営業でも、お客様が変われば仕事も変わりますし、上司や部下が変わっても仕事は変わります。売る商品によっても、改善するポイントは変わってくるでしょう。

どんな仕事でも、日々改善し続けていくことが大切なのです。

トヨタでは、ひとつの改善や問題解決が成功しても、それですべてが解決したとは考えません。新たな改善や問題解決のスタートと考えるのです。

つまり、トヨタの改善・問題解決とは、新たな高みに向かって成果のレベルを上げ続けることなのです。

「あるべき姿」に向かって改善し続ける

トヨタでは、「現状」と「あるべき姿」のギャップを「問題」と定義しています。

改善や問題を解決すると同時に、新たな「あるべき姿」に向かってさらに改善し続けることが、仕事の質や組織の力をアップさせます。改善・問題解決に終わりはないのです。

これはどんな仕事にも当てはまります。

たとえば、「会議がだらだらと長い」という問題があったとします。

そこで、会議の終わりの時間を区切り、その時間が来たら、強制的に会議を打ち切ることにしました。

これによって、「会議が長い」という問題は解決しましたが、今度は時間内に会議は終わるが、話が脱線し、結論が出ないまま終わることが多いという新たな問題が残りました。

新たな「あるべき姿」に向けた改善・問題解決のスタートです。

結果的に「会議のアジェンダ（議題）を事前に書面で配り、会議室のホワイトボードにもアジェンダを記載しておく」という改善策をとったところ、時間内に結論が出るようになりました。

もちろん、ここで終わりではありません。ここから先もさらなる「あるべき姿」を設定して、会議の生産性をアップしていく。このような繰り返しによって、仕事の質は上がっていくのです。

改善は永遠に続く

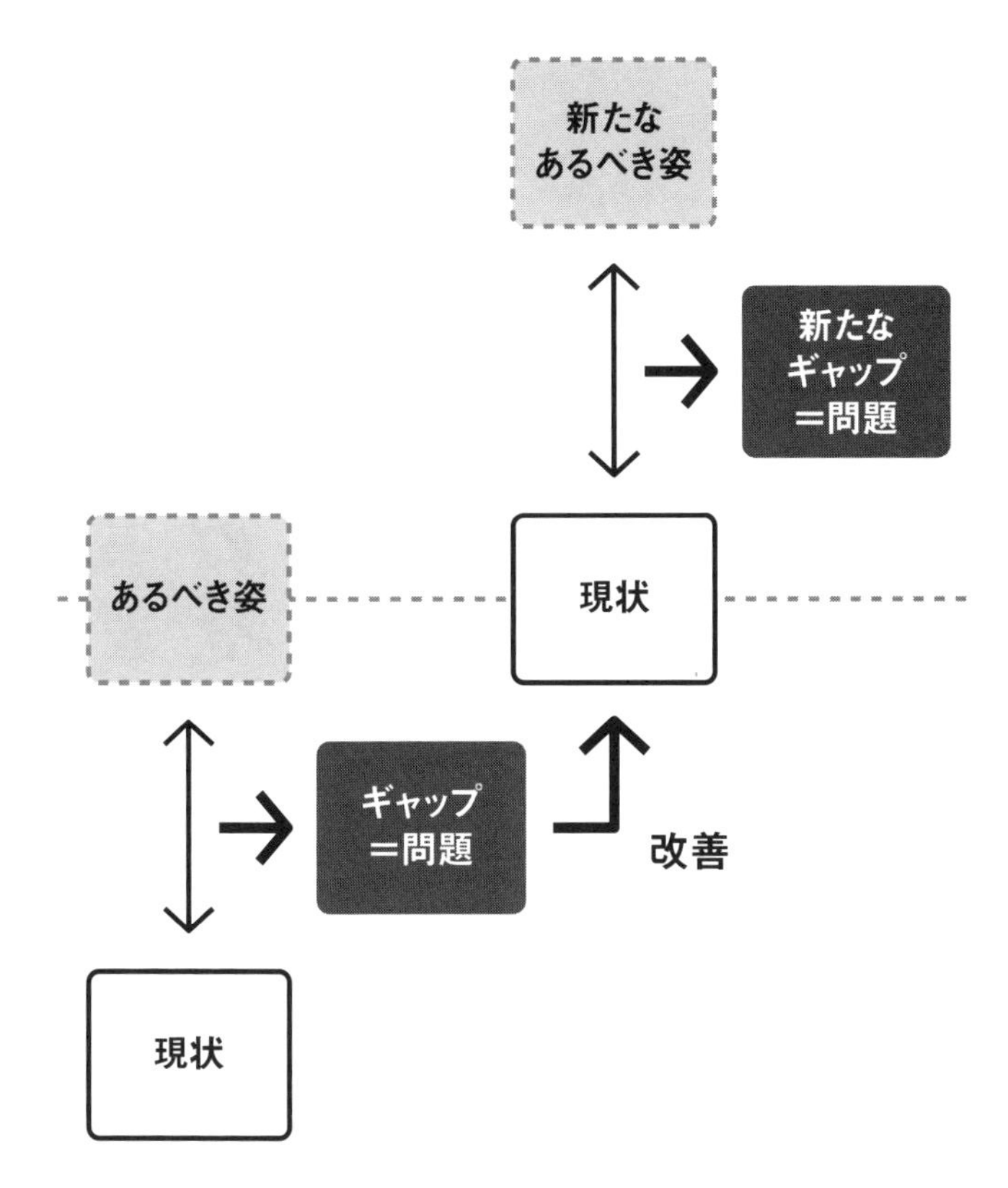

CHAPTER_1

仕事哲学

LECTURE

10 人を責めずに、しくみを責める

もしあなたの子どもが、食器棚の上に置いてあったコップを取ろうとして割ってしまったとしましょう。このとき、あなたならどうするでしょうか。

子どもを責め、「気をつけなさい！」と叱りますか。

叱るのは簡単ですが、それだけでは、子どもはまた同じようにコップを割ってしまう可能性があります。再び割ってケガをすることも考えられます。

子どもの安全のことを考えれば、ほかにあなたができることがあるはずです。

たとえば、子どもが手の届く場所には、コップを置かない。

あるいは、子ども用のコップをガラス製からプラスチック製に替える。

こうすれば、同じような失敗はなくなります。

トヨタには「人を責めずに、しくみを責めろ」という言葉があります。作業者が失敗をしても、個人攻撃をせずに、しくみが悪いと考えるのです。

トレーナーの山田伸一も、「トヨタには大きな失敗をしても叱らない上司がいた」と言います。

山田が寸法を間違えたまま、大量に後工程に部品を流してしまったときのこと。当然、後工程からは「不良だ。ラインを止めろ」と言われます。

普通であれば、上司は「山田！　何をやってるんだ！　ちゃんとやれ！」と怒鳴られるところでしょうが、そのときの上司は、責めませんでした。

「大量に不良が出た理由は、寸法を間違えたからだ。このポイントをしっかり見ておかないといけない」

このように、どうしたらミスをしないで済むかを丁寧に説明してくれたのです。

誰の目から見てもあきらかに作業者が悪い場合でも、トヨタの上司は個人を責めることはしません。

上司は「（自分が）部下にやらせるべきことを徹底できていなかったから不良が出

た」、つまり、やらせ方が悪かったから不良を出してしまったと考えるのです。

山田自身が上司になってからも、「不良やミスが起きたときは、部下ではなく、（上司である）自分に責任がある」と考えるようになりました。

「人を責めずに、しくみを責めろ」。これは、特にリーダーにとって大切な心構えですが、あらゆるビジネスパーソンが応用できる考え方です。

たとえば、あなたが作成した資料にミスが多かったとき、たいていは「次は気をつけよう」で済ませてしまいがちです。

しかし、しくみに注目すれば、「資料提出前に校正する時間を必ず確保する」「提出前に同僚とチェックし合う」といったアイデアが生まれ、ミスも劇的に減るはずです。「○○さんが悪い」「自分が悪い」で片づけていれば、いつまでたっても、ミスは減りません。

ミスや問題には原因があります。その原因を突き止めて、それを改善し再発防止をしないかぎり、同じようなミスや問題を繰り返すことになります。

個人を責めるのは簡単ですが、本質に目を向けなければ問題は解決しないのです。

LECTURE

11 「安く買う」ではなく、「安くつくる」

トヨタといえば、「コストカット」「原価低減」という言葉が飛び交っているイメージをもつ人が多いかもしれません。

あるトレーナーは実際、トヨタの組立工程に携わっていた若い頃から「1円でも安くものができんか」と言われ続けてきたと言います。

ただし、ここで誤解してはいけないのは、単に「ケチになれ」という意味ではないということ。

1円でも安く材料を買ってきたとしても、すぐに壊れたり、質の低いものであったら意味がありません。かえってコストが高くなってしまいます。

トヨタの製造現場で働く人は、安く仕入れることが仕事の「商売人」では決してありません。

トヨタ生産方式には、「つくり方によってコストが変わる」という基本的な考え方があります。

だから、コスト意識をもって知恵を出す。つまり、安くものをつくることが仕事だととらえているのです。

たとえば、原価低減を進めている場合は、単に安い材料を買うことを考えずに、その代わり、「材料のグレードアップをして寿命を延ばす」ことを考える。高い材料を買ったとしても、これまでより2倍、3倍と長持ちするのであれば、長い目で見れば原価低減につながります。

安く買い叩けば自分が困ることになる

また、トヨタでは、原価低減のために、壊れた設備を現場の作業者たちが自分たちで修理し、再び使えるようにします。ものづくりにお金を使えば、すべて原価に跳ね返ってくるからです。

だから、すぐに修理に出したり、買い換えたりしません。今あるものを大事にし、今あるものでしのいでいこうという考え方をもっています。

あなたの会社でも、上司から「原価低減しなさい」「コストカットしなさい」と口酸っぱく言われているかもしれません。

しかし、安易な方法を選択していないでしょうか。

「取引先から安く買い叩く」のは簡単かもしれません。

しかし、そのような仕事は誰でもできますし、長い目で見れば、取引先が疲弊して製品の質が悪化するかもしれません。そうなれば、困るのはあなたの会社です。

まずは、自分たちの職場でコストカットできないか、知恵を絞ってみることが大切です。

つくり方を変えたらどうか、材料を変えたらどうか、人を変えたらどうか、仕事のプロセスを変えたらどうか、とさまざまな視点から検討してみる。そうすることによって、現場は創意工夫をするようになり、会社が強くなっていくのです。

CHAPTER

2

5S

トヨタの仕事の基本中の基本「5S」

「現場で考え、現場で研究せよ。」

――トヨタ自動車工業創業者・豊田喜一郎

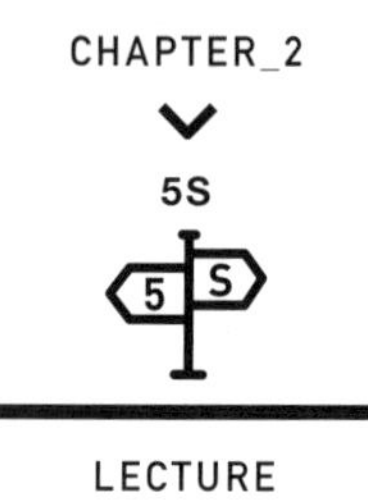

LECTURE

12 ムダを宝に変える

あなたのデスクまわりを観察してみてください。
こんな状態になっていないでしょうか。

必要な書類を探すのに10秒以上かかる。
1週間以上使っていない文房具がある。
引き出しのいちばん奥にあるものが何かを即答できない。
デスクの上にありながら、1カ月以上触れていない書類がある。
パソコンのデスクトップがファイルでいっぱいになっている……。

1つでも当てはまる人は、仕事のムダが発生しています。

トヨタでは、ムダを「付加価値を高めない現象や結果」と定義し、「7つのムダ」（❶つくりすぎのムダ、❷手待ちのムダ、❸運搬のムダ、❹加工そのもののムダ、❺在庫のムダ、❻動作のムダ、❼不良をつくるムダ）をなくすことを徹底しています。

この「7つのムダ」が、あなたのデスクまわりや職場にも付加価値を生まない多くのムダを生み出しているのです。

たとえば、「❸運搬のムダ」（取りに行くムダ）。

頻繁に使用するものなのに、遠くに置いてあれば、それだけ時間をムダにします。取りに行く時間そのものに価値はありません。

オフィスでコピー機を頻繁に使う仕事なのに、それが近くにないと、そこからムダが生み出されます、また、手元に頻繁に使用する文房具が置いていなければ、いちいち取りに行かなければなりません。

「❺在庫のムダ」もあります。

「ものを置く」には、必ず場所が必要になります。オフィスや倉庫のスペースは、無料ではありません。ものを放置していれば、コストはどんどん膨らみ続けます。

デスクまわりに、まったく使わないものやダンボール箱が積み重なっていないでしょうか。それらを片づければ、その部屋やスペースを有効活用できます。

片づけができていない人は仕事の成果も出ない

オフィスでは、「❻動作のムダ」（探す時間のムダ）も深刻です。

上司に「あの書類を出してくれ」と頼まれても、なかなか見つからない……という光景はよく見られます。「そのくらいは、たいした時間ではない」と思うかもしれません。しかし、1日30分間、何かを探していたらどうなるでしょうか。

1カ月20日働くとすれば、1年で7200分（＝600分×12カ月）。ということは、5日間の貴重な時間を探すことに費やさなければなりません。

「タイム・イズ・マネー」という言葉もありますが、小さな時間のムダも積み重なると、大きな利益をムダにしてしまうのです。

「❼不良をつくるムダ」もあります。

ものづくりの現場では、片づけがされていないと、間違った部品を使ってしまうリスクがあります。品質不良やクレームなど大きな問題につながりかねません。

オフィスでも、大量の資料が混在していれば、間違った資料を打ち合わせ先に持って行ってしまう可能性があります。

パソコンの中のファイル名がぐちゃぐちゃだと、誤ったファイルをメールに添付してしまい、大きなトラブルにつながるリスクがあります。


片づけができていない人ほど、作業のムダが発生し、成果を出せていない――。これは、多くのトヨタマンが、長年の実体験から自信をもって言えることです。

片づけをすれば、こうしたムダの数々を確実に取り除き、利益を生む土壌に変えることができます。

このような視点から、デスクや職場を見まわしてみてください。あなたのまわりにも、ムダという「宝」が眠っているはずです。

CHAPTER_2

5S

LECTURE

13 整理・整頓は仕事そのもの

ムダを宝に変えるための技術が、トヨタの「5S」です。

5Sとは、次の5つの活動の頭文字をとった言葉で、職場環境を維持・改善するうえで用いられるスローガンです。

・整理（Seiri）
・整頓（Seiton）
・清掃（Seisou）
・清潔（Seiketsu）
・しつけ（Shitsuke）

5Sは効果的な改善手法として、日本だけでなく、世界の企業からも注目を集め、トヨタにかぎらず、生産の現場で当たり前のように日々行なわれている基本中の基本といえます。

特に「整理」と「整頓」をしっかりやるだけでも、作業のムダがなくなり、効率がアップします。

「現場を指導するとき、まずメスを入れるのは、『整理』と『整頓』からだ」と大部分のトレーナーが口をそろえるくらいです。

ある指導先の会社の工場には、壁際の大きな棚に、しばらく使っていないものや、1つあれば十分な部品や工具が、それぞれ2つも3つも置いてありました。

そこで、トレーナーは、不要なものを捨てさせて、必要なものだけを配置するように指導しました。すると、いくつかの棚が空になり、捨てることができたのです。

すると、棚のうしろから窓があらわれ、工場長をはじめ従業員全員が、「こんなところに窓があったのか！」と驚くことになりました。実はこれまでそこに窓があることを知らずに仕事をしてきたのです。

整理・整頓によって、ムダなスペースがなくなり、最低限の部品や工具で作業ができるようになるなど効率化が進みました。その結果、大幅な生産時間の短縮や年間300万円ほどのコストダウンに成功するなど、生産性が向上しました。さらには、不良品が減るなど品質も向上しました。

多くのトレーナーが経験していることですが、5Sのうち最初の「整理」と「整頓」をやるだけでも、職場の効率はアップし、成果が上がります。

整理・整頓すれば仕事のスピードがアップする

5Sは、どんな職場でも仕事でも応用できる考え方です。

企業の大小、業界、職種は問いません。オフィスでも5Sは効果を発揮します。ひとつだけ違いがあるとすれば、工具とペンの違い。それくらいです。

オフィスでもトヨタ流の5Sを実践すれば、必ずムダが減り、効率が上がります。

・書類をつくる
・書類を探す

・発送・発注をする
・メールを処理する……

こうした作業のムダをできるだけ取り除くことで、仕事の段取りはスピードアップし、成果を生み出す時間ができます。

オフィスでも、整理・整頓ができていないと、「書類をすぐに取り出せない」「ものをすぐに紛失する」などのムダが発生し、時間やコストの面で損失を被ります。

そのくらいのムダはたいしたことないと思うでしょうか。整理・整頓は毎日のことなので、ちりも積もれば山となります。すぐに手をつけなければ、この先ずっと、ムダを垂れ流すことになります。

そういう意味で、5Sは仕事そのものです。

「整理・整頓は、仕事とは別物」「職場や机まわりを見栄えよくするのが整理・整頓だ」と考えている人が多いかもしれません。

しかし、トヨタでは、5Sは仕事の一部だととらえています。仕事の一環として習慣的にやるのが当たり前なのです。

CHAPTER_2

5S

LECTURE

14 「キレイにする」がゴールではない

整理・整頓について、多くの人が誤解していることがあります。見た目をキレイにものを置くことが整理・整頓だと思っているのです。それではなんのための整理・整頓かわかりません。

ただ並べ直しただけでは、キレイに「整列」したにすぎません。

たとえば、本棚を整理・整頓するときに、本の大きさごとにそろえて収納する。あるいは、書類の入ったファイルを大きさや色別にそろえて並べる。一見、キレイに並んでいるので、多くの人はそこで満足してしまいます。

しかし、いらないものを捨てずに、右から左へ移動させることは、トヨタでは整理・整頓とはいいません。

整理・整頓を「身のまわりをキレイにすること」と考えていないでしょうか。

トヨタの整理・整頓は、「キレイにする」がゴールではありません。

トヨタにおける整理・整頓の定義は、シンプルです。

・整理＝「いるもの」と「いらないもの」を分け、「いらないもの」は捨てること
・整頓＝「必要なもの」を「必要なとき」に「必要なだけ」取り出せる状態にすること

たったこれだけのことですが、トヨタの整理・整頓の神髄が、この2行に凝縮されています。

現在あるものを並べ直したり、見栄えよく収納するだけでは、見た目がキレイになるだけです。まわりから「キレイですね」と言われるかもしれませんが、仕事の成果はアップしないでしょう。

本当に「いるもの」だけを残して、それを「必要なとき」に効率的に使う。それができて初めて、仕事の生産性や効率のアップにつながるのです。

CHAPTER_2

5S

LECTURE

15 書類は10秒以内に取り出す

整理・整頓ができると、仕事にムダがなくなります。

トレーナーの山本政治は、「私のトヨタ時代の職場では、書類は10秒以内に取り出すことが暗黙のルールだった」と証言します。

つまり、上司から「あの資料を見せてほしい」と言われたら、あたふたと探しているようでは失格。これこそ、探す時間のムダです。

あなたの机の上に積まれた書類の山をチェックしてみましょう。

今日の仕事で必要なものは、どれだけあるでしょうか。今日の仕事で使うのは、その中の一部で、ほとんどのものは使わないはずです。中には、1年以上使っていないような資料が積まれているケースさえあります。

整理・整頓の鉄則は、「今日、必要なもの以外はデスクの上に出さない」ということ。書類も文房具も、今日使わないのであれば、収納しておく。そして帰るときには、デスクの上には何も残っていない。これが理想です。

トヨタの現場の課長職の中には、500名を超える部下を抱えている人もいますが、デスク1つとキャビネット3つだけでやりくりする猛者もいます。しかも、デスクの上に置かれているのは電話1つだけ……。

就業時間中は、その日に使う必要最低限の書類とパソコンしか置かず、帰宅したあとのデスクはまっさら。しかも、収納用のキャビネットには、A3のファイルが12個、整然と並べられている。そんな管理職が数多くいるのです。

「部下が増える、仕事が増えるほどに、ものは増えていく」というのが一般的な考え方です。しかし、トヨタの人たちの仕事ぶりは、まったくの逆。ものが減れば減るほど、生産性の高い仕事ができるのです。

あなたの職場を見渡してみましょう。デスクの上がぐちゃぐちゃな人ほど、仕事が後手にまわって、トラブルを起こしがちではありませんか？　反対に、デスクの上が整然と片づけられている人ほど、段取りよく仕事をこなしているはずです。

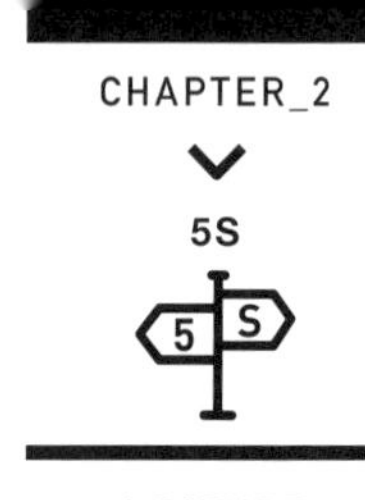

LECTURE

16 「捨てる基準」をもつ

ここからは実践編です。

まずは「整理」から始めてみましょう。

目の前にあるものが「いるもの」なのか、「いらないもの」なのかを見極めて、「いらないもの」は捨てます。これが整理の基本です。

しかし、「捨てるのが苦手」という人も多いでしょう。「いつか使うかもしれないから」「捨ててよいかわからないから」というのが、そういう人の言い分です。

彼らが捨てられないのは、「本当に必要かどうか」を判断できないからです。

あるトレーナーが、指導先の建設会社の事務所を訪ねたときのこと。

事務所を見渡すと、工事監督のデスクの上は、さまざまな書類であふれかえっていました。さらに、そのまわりには書類がぎっしり詰まったダンボール箱も山積みに……。

工事監督は、書類作成やそのチェックに追われ、ほとんど現場に出られない状況でした。仕事が予定どおりに進まず、ミスも多発していました。

いらない書類が多いことが原因と考えたトレーナーが、最初に着手したのは「書類の保管期間をどうするか」です。

その建設会社では、書類を5年間保管するルールになっていました。しかし、よく聞いていくと、書類を5年間保管するということは、同社がISO（国際標準化機構）を取得する際になんとなくできたルールであることがわかりました。明確な根拠や必然性はなかったのです。

工事監督からは、「ISOの外部コンサルタントから、こういう書類は5年くらい保管したほうが安心と言われたから」という言葉が返ってきました。

外部コンサルタントのひと言で、書類は5年間保管するというルールがいつの間にか定められていました。法律的な書類保管ルールの確認は必要ですが、本当の必要性にもとづいて、自分たちで考え、自分たちで決めたルールではなかったのです。

このようなことはあらゆる職場で起きています。

なんとなく1年間は保存することになっていた書類でも、振り返ってみると、1年どころか、数年間一度も書類を取り出したことなどなかった、ということはよくあります。また、パソコン上に使わないデータがたくさん保存されていて、大切なファイルがなかなか見つからなかったり、パソコンの動作が重くなってしまうこともあるでしょう。

身のまわりのものを意識して見ていくと、なんとなく決まったルールにしたがって保管してあったものが、実は「いらないもの」だったことがわかってきます。

これら「いらないもの」が会社のかぎられたスペースを占領し、日々の作業性を損なっていたとしたら、大変なムダです。

あなたのデスクまわりやパソコン上でも、先の工事監督の例と同じようなことが起きている可能性があります。

「本当に必要かどうか」の判断基準、つまり「捨てる基準」がなければ、ものを捨てることはできません。

LECTURE

17 「いつか」を「いつまでに」に変換する

では、どんな判断基準で捨てればよいのでしょうか。

トヨタでは、「時間」を判断基準のひとつにし、次の3つに大きく分けています。

❶今使うもの
❷いつか使うもの
❸いつまでたっても使わないもの

❶「今使うもの」とは、まさしく今日や明日に使うもの。

ものづくりの現場であれば、今製造しているものの部品や必要な工具などです。オフィスであれば、今関わっているプロジェクトの関連資料などになるでしょう。

手元になければすぐに仕事ができなくなり、困るものです。

ひとつ飛ばして、❸「いつまでたっても使わないもの」は、簡単ですね。

即刻処分するのが原則です。

ためらうことなく、捨ててしまいましょう。


ここまではむずかしくないはずです。

問題は、❷「いつか使うもの」です。

私たちの身のまわりを見渡すと、「いつか使うもの」であふれています。

「この資料はいつか役立つかもしれない」「この文房具は、いつか使うだろう」という思いから、ついついため込んでしまいます。

「いつか使うもの」に対しては、必ず「いつまでに使うか」を問わなければなりません。つまり、期限をもうけるのです。

1週間後、1カ月後、3カ月後、半年後……というように、ものや仕事の種類によって期限を決める必要があります。

ひとたび期限をもうけたら、その期限が、「いるもの」と「いらないもの」を分ける判断基準となります。

たとえば、同僚から仕事の資料を渡されたとします。

「いつか役に立つかもしれないから」と、多くの人はそのままデスクの上に積んでおきます。しかし、ここで自問自答しなければなりません。

「いつまでに使うのか」と。

トヨタでは、いつまで保管しておけばよいのか、期限を明確にするのです。

そして、期限がやって来たとき、一度も使っていなかったら、それは「いらないもの」として自動的に処分します。

「❷いつか使うもの」に対しては必ず期限をもうける。それが過ぎても使われることがなかったら、「❸いつまでたっても使わないもの」へと格下げし、捨ててしまう。

この原則を守るだけで、あなたのまわりからムダなものがなくなっていきます。

CHAPTER_2

5S

LECTURE

18 「いつまでに」の期限は短くする

では、「いつまでに」の期限は、どのように設定すればよいでしょうか。これも悩ましい問題です。

捨てることに慣れていない人は、余裕を見て「1年後に」などと甘い設定をしたくなるかもしれません。

しかし、基本的には、保管期間が短ければ短いほど、ものは少なくなり、保管期間が長ければ長いほど、ものは多くなります。

整理を徹底させたいと思うのであれば、保管期間をできるだけ短く設定することを心がけるといいでしょう。

トヨタでは1週間、1カ月の単位で期限を切ることが多くあります。

「いつかは使うかもしれないもの」が、「1週間たっても使わない……」「1カ月たっても使わない……」ということであれば、「いらないもの」と判断します。

職場やものによって、期限の切り方・保管期限の定め方は異なるでしょう。

ただ、すべてに共通するのは、「いつか使う」の期限はできるだけ短く切るようにしていくことです。そうすることで、ものは格段に減ります。

大事な書類ほど期限が必要

「いつか使う」の期限を、ぎりぎりのところで設定するのであれば「終わると同時に処分」が原則です。

案件やプロジェクトがひとつ片づくたびに、関連書類を捨てるのです。

トレーナーの浅岡矢八は、トヨタの技術部に在籍し、新車の試作に長年携わってきました。まだ世の中に出ていない車を開発していく仕事です。したがって、さまざまな機密書類が作成され、保管されることになります。

機密書類は、重要度に応じて段階別にレベル分けされ、それに応じて閲覧できる人が定められ、管理方法も変えられていました。

これらの書類量は膨大なものになりましたが、それらは「終わると同時に処分」といった扱いがされていたため、商品化のメドが立ったら、それを「期限」として、これまでの機密書類はすぐにシュレッダーにかけていました。このようなルールにしていたので、技術部の職場は書類であふれかえることはなかったといいます。

これは、オフィスで働く人にも参考になる方法ではないでしょうか。

「あとで捨てよう」「まとめて捨てよう」などと思っていると、結局そのままになりがちです。

鉄は熱いうちに打てといいます。「終わると同時に処分」を徹底して行なっていけば、デスクの上に書類が山積みになることはありません。

LECTURE

19 片づけに「聖域」はない

オフィスで捨てにくいものの代表格が、名刺ではないでしょうか。

「たくさん名刺ホルダーにたまっているけれど、名前と顔が一致しない」と言う人もいるかもしれません。

トヨタ式整理法でいえば、名刺も片づけの聖域ではありません。使わない名刺を保管していても、生産性は上がりません。

トレーナーの土屋仁志は、「1年間使わなかった名刺は処分してしまう」と言います。

少しドライな考え方かもしれませんが、1年も付き合いがないと、そのあとの接点は、ほぼないと思っていいでしょう。それが現実です。

仮に名刺を捨てたあとに、連絡する必要が生じたときでも、先方の連絡先は社内の

誰かが知っている可能性が高いですし、会社の代表番号を調べれば、なんとか連絡はつくはずです。

もちろん、名刺を保管しておく期間は、職種や会社によってそれぞれでしょうが、「1年間、連絡をとらなかった人の名刺は処分する」などの独自のルールを決めておけば、使わない名刺がたまっていくことはありません。

捨てづらいものほどルールが重要

名刺と同様に、オフィスでは、メールの整理も悩みどころです。

メールを整理せずに、受信ボックスにためたままにしていると、返信漏れや確認漏れで、思わぬトラブルを招くおそれもあります。

「あのメール、どこ行ったっけ?」と探す手間も増えます。

メールも、ものの整理と一緒で、必要のないものは捨てる必要があります。

トヨタ時代に数百名の部下を抱えていたトレーナーの中島輝雄は「出勤すると毎日メールが100件弱届いていましたが、読んだり、返信したりしたものはすべて削除することをルール化していた」とのこと。

これは極端な例かもしれませんが、不要なメールは、一定の判断基準をもって処分することが大切です。


「メールマガジンはすべて処分する」

「1年を過ぎたメールは削除する」


もちろん、記録として残しておいたほうがよいメールは残しておく必要がありますが、このようなルールを決めておけば、ためらうことなく捨てることができます。

不要なメールと必要なメールが混在していたり、メール削除のルールが決まっていない人は、今すぐメールの整理に取り組むことで仕事の効率が上がります。

LECTURE

20 先に入ってきたものから先に出す

資料や書類などは、整理を意識せずにいると、日々、デスクの上に積み重なっていきます。

すると、下のほうに埋もれてしまった資料や書類は、見返すことが少なくなり、重要な案件が未処理になってしまう事態も発生します。

ものを積むというのは、基本的にマズイ行動です。整理をするときは、これをどうやって避けるかが重要です。

トヨタには「先入れ先出し」という言葉があります。

これは、同じものがあったとしたら、先に仕入れたものを先に使うということ。時間の経過とともにものは劣化し、使いものにならなくなります。だから、古いものから順番に使うようにするという考え方です。
整理を進めていくときにも、「先入れ先出し」がきちんとできるしくみになってい
るかどうかがポイントになります。

仮に次ページの図の上段のように、新しく入ってきたものから順番に使っていくと、
古いものが下のほうにずっと残り続け、何年もたてば使えなくなります。使えなくな
ったものはムダになります。これでは、「先入れ先出し」ではなく、その反対の「先
入れ後出し」になってしまいます。
しかし、図の下段のように先に入ってきたものから順に使うように工夫することで、
「先入れ先出し」を徹底すれば、手持ちを減らすことができます。
手持ちが小さければ小さいほどものの流れが速くなり、滞留しません。ものがたま
らなければ整理しやすい環境にもなります。
自分の身のまわりのものは、どこから入ってくるか。どのように管理されているか。
どんな順番で出ていくか。その流れ方をつかむことが大切です。

「先入れ先出し」なら、いらないものがたまらない

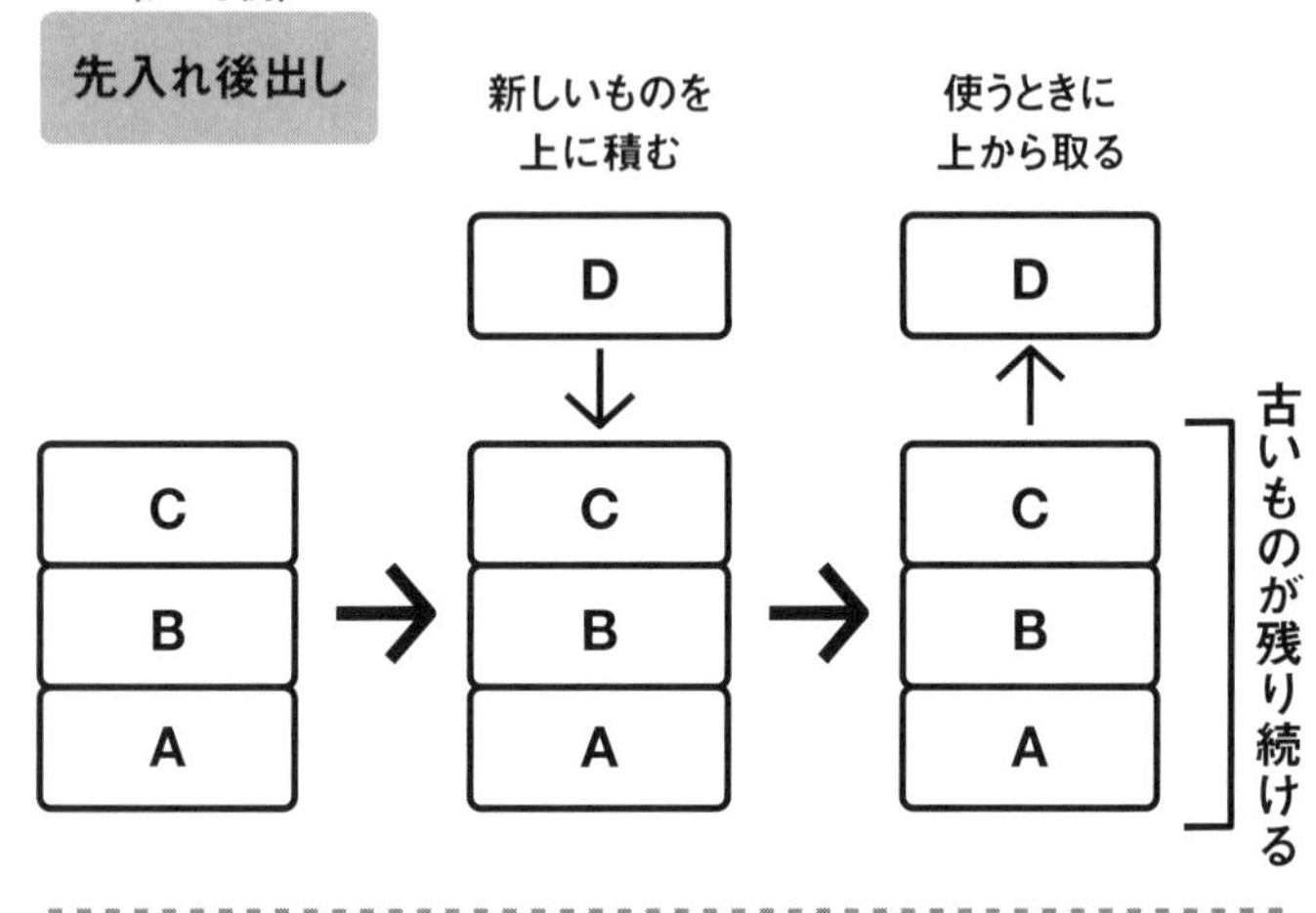

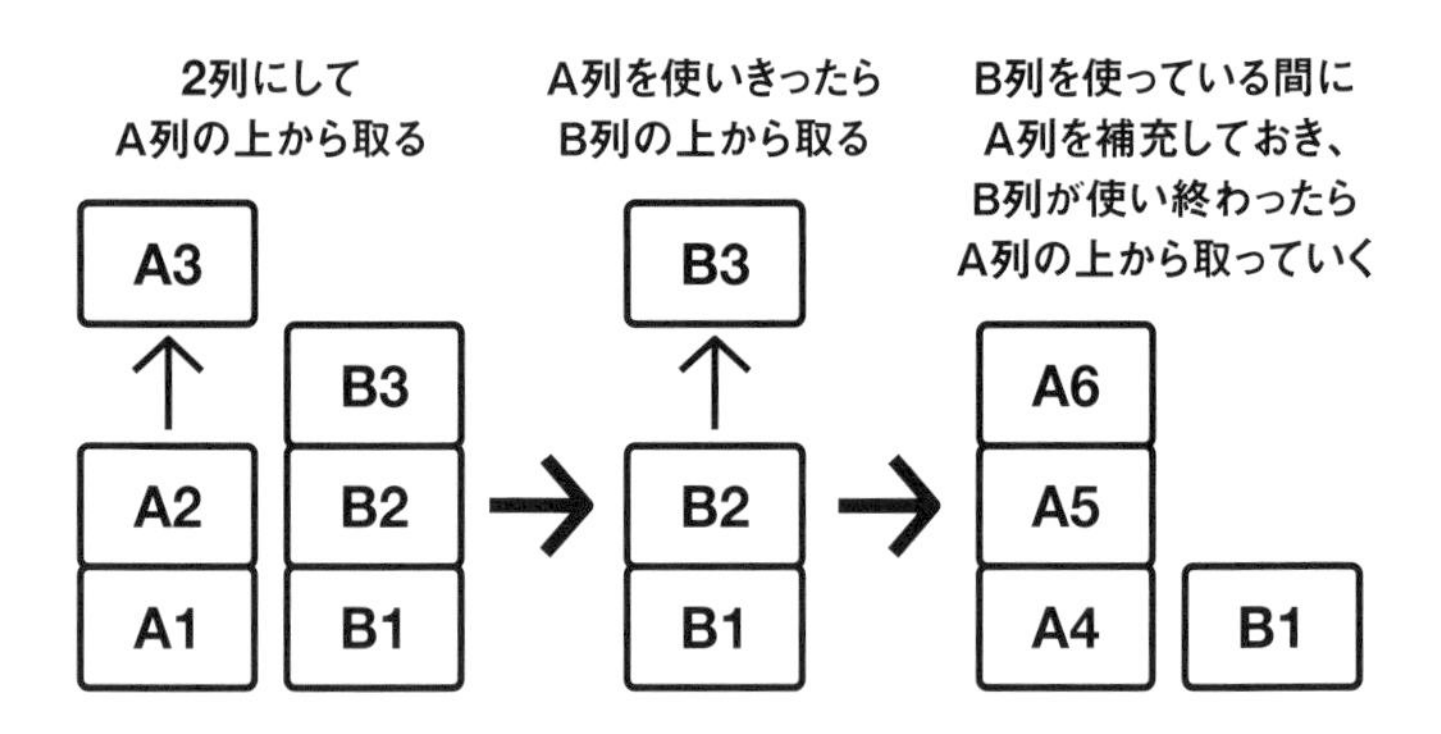

先に入ってきた書類から処理する

先入れ先出しは、デスクまわりの整理にも応用できます。

書類や資料が積み重なってしまうのであれば、デスク上に書類をまとめるためのトレーをひとつ用意して、書類の入口をひとつに限定します。

そして、1日に何度か、その書類受け取り用トレーに入ってきた順に書類を処理する。「❶いらない書類」であれば、即刻処分。「❷保存が必要な書類」なら、分類したファイルにとじる。

「❸すぐに取りかかれない書類」の場合は、案件ごとにクリアホルダーなどに入れて、トレーに戻しておきます。

このとき、クリアホルダーに「10月12日までに処理」「○○部長の回答待ち」などと期限を書いた付箋を貼っておければ、忘れて放置することもありません。

このように、先に入ってきた書類から、どんどん処理し、退勤するときには、デスク上の書類受け取り用トレーには何も入っていないようにするというルールをつくれば、デスクの上が書類で山積みになることはありません。

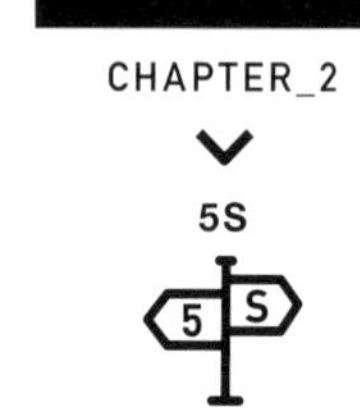

LECTURE

21 他人でも探せるように「定位置」を決める

「整理」をして必要なものが残ったら、次は「整頓」に取りかかります。

整頓とは、「必要なもの」を「必要なとき」に「必要なだけ」取り出せることです。「ものの定位置を決める」と言い換えてもいいでしょう。

ものづくりの現場は、集団作業です。一人ひとりの個人作業で完結するものはひとつもありません。だから、不特定多数の人が使うものについては、定位置を決め、必ずそこに戻すことが必要です。

ある人が工具のスパナを使って、適当にその辺りに置いたとします。その人は、そのスパナをどこに置いたか覚えていて困らないかもしれません。記憶が新しいうちであれば、また使おうとしたときにすぐに探せるからです。

しかし、複数のスパナを使っていると、当事者でも記憶があいまいになります。また、そのあとに別の人が使いたいと思っても、定位置が決まっていなかったらどこにあるかわからないでしょう。そのスパナを探さなければならなくなります。だからトヨタでは、整頓にこだわるのです。


整頓は、誰が探してもわかるようになっているのが原則です。

たとえば、妻が入院中の夫が、たとえ自分の家でも、何がどこにあるかわからなくなるというのはよくあるケースです。片づけている妻だけでなく、夫にもわかるようにする。これが整頓です。

たとえば、冷蔵庫の中身ひとつとっても、毎日料理をしている妻は、どこに何が入っているかを熟知していますが、妻以外の人が、短時間で目的の食材を探し出すのは、意外と簡単ではありません。冷蔵庫を開けたり、野菜室を開けたり、チルド室を開けたり……せっかく省エネの冷蔵庫を買っても、1分間も開けたまま探していては、電気代がかかり、ムダになります。

そこで、もしも冷蔵庫の扉に食材が入っている場所を示した紙がマグネットで張ってあったらどうでしょうか。目的の食材が入っている扉を開けて、すばやく取り出すことができます。

家庭ではそこまでする必要はないかもしれませんが、多くの人が一緒に働く会社では、定位置が誰にでもわかるようにしておく必要があります。

職場では、「知らない人が30秒で探せるように定位置を決める」という基準をもうけると、誰にとってもわかりやすい整頓ができるようになります。

整頓はチーム力を高める

これは、オフィスでも同じです。

一人ひとりの中で完結する作業は少ない。大勢の人たちの関わりの中で仕事をしており、それぞれの作業はつながっています。

だから、重要な書類を保管した場所を管理者一人しか理解していないと、その人が外出や病気で不在のときに困ってしまいます。みんなで書類の山を引っくり返して探しまわることになるでしょう。

トレーナーの柴田毅が5Sの指導に入ったある企業では、「複任制」という制度がとられていました。つまり、ひとつの業務にメインとサブの2人の担当者がいて、メインの担当者が休みや出張などでお客様などの対応ができない場合は、サブの担当者が対応するというものです。

ところが、実際にはこの制度は形骸化していました。メインの担当者以外は必要な書類や手続きの手順書などの保管場所を把握していなかったのです。

そのため、お客様が手続きに来ても、必要書類が収納されている場所がわからず、サブの担当者は右往左往するばかりでした。せっかくの「複任制」のしくみが、整頓が不十分だったために活かされていなかったのです。

職場においてはチームワークが大事です。

「自分がいなくても、ほかの人が必要なものを必要なときに探せるように」整頓しておけば、チームワークも発揮しやすくなります。

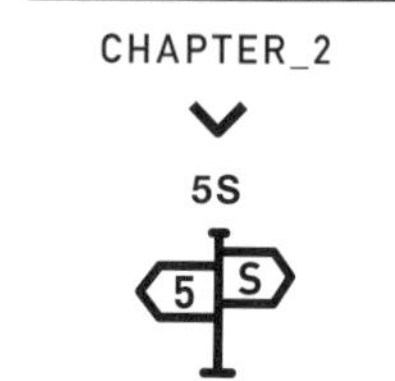

LECTURE

22 ものの「住所」を決める

ものの定位置を決めていくときは、工場やオフィスなどを、ひとつの街のようにとらえると便利です。

全体を碁盤の目のように縦と横に区切り、「△△は○丁目○番地」というように所在地が明確になるようにします。

このように定めると、「○○の会議資料は、1丁目1番地にある」「災害時の非常食は、4丁目3番地にある」とそれぞれの「住所」が定まってきます。

ものの置き場所をお互いに説明するときも、「あの辺りにあるよ」と漠然と伝えることなく、明確に位置を指し示すことができます。「住所」を職場内に張り出しておけば、誰でも目的のものを探すことができます。

このようにものの住所を決める方法を、トヨタでは「所番地(ところ)を決める」と呼んでいます。

オフィスでも「ものの住所を決める」という考え方は、整頓を進めるうえでは大切です。

・デスクの右上の引き出しには、文房具、事務用品を入れる
・デスクの右下の引き出しには、進行中の仕事のファイルを入れる
・デスクの左上の引き出しには、帳票類を入れる
・デスクの左下の引き出しには、保管用の書類ファイルを入れる

このようにものの定位置を決めたうえで、引き出しには、何が入っているかを「掲示」する。そうすれば、「スペースが空いているから、とりあえず突っ込んでおけ」といったことは防げますし、ものの所在が不明になることもありません。当然、探すムダを削減できます。

「ものの住所を決める」のは、パソコンのデスクトップ上のファイルの整頓でも大切

な考え方です。

ときどき、パソコンのデスクトップ上に、無数のファイルが並んでいる人を見かけます。

ファイルも書類などと同じで、探す時間は何も生み出さないムダな時間です。デスクトップ上に何十個もあるファイルの中から目当てのファイルを瞬時に見つけ出すのは至難の業です。

ファイルも〝住所〟を決めて整頓します。

ポイントは、「大分類」「中分類」「小分類」などフォルダを3つくらいの層に分けてファイルを入れておくこと。短時間で目当てのファイルにたどり着けます。

入口となる大分類のフォルダは、ある程度、デスクトップ上に置いておいてもかまいませんが、パッと見てたくさんあると探しにくくなります。

「デスクトップ上に置くフォルダは3列を超えないようにする」といった基準をもうけるとすっきりするでしょう。

また、一つひとつのファイルは、日付、会社名やお客様の名前、ファイルの内容など、細かい情報を盛り込んだファイル名をつけると見つけやすくなります。

モノの「定位置」を決める

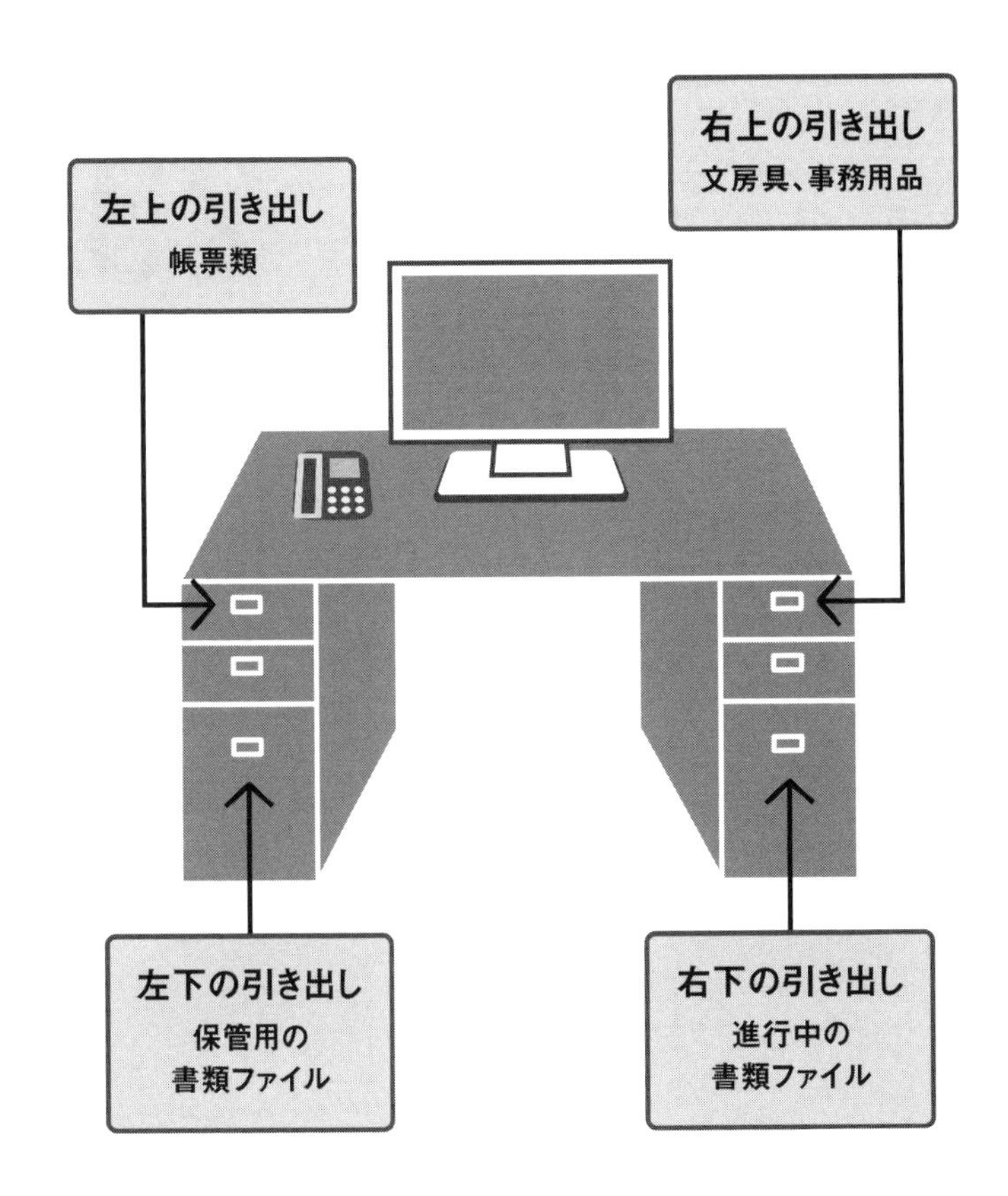

左上の引き出し
帳票類
右上の引き出し
文房具、事務用品
左下の引き出し
保管用の
書類ファイル
右下の引き出し
進行中の
書類ファイル

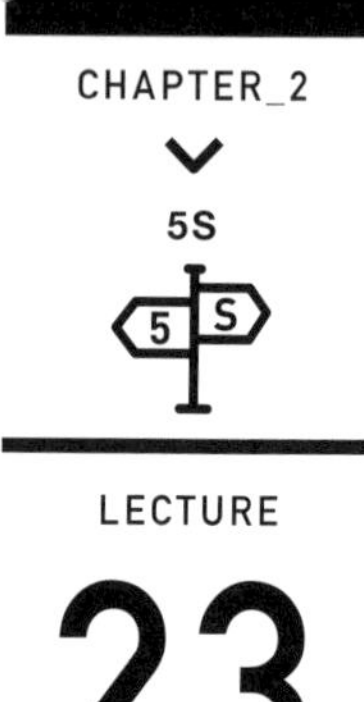

23 「姿置き」する

「この引き出しには、文房具を入れる」と決めたのに、いつの間にか、ほかのものがまぎれ込んでいたり、文房具がほかの場所に置きっぱなしになっていたりしたことはないでしょうか。

ひとたび整頓が乱れてしまうと、どんどん乱雑になっていくものです。

整頓が乱れる場合、置き場所や置き方が悪いというケースが考えられます。

特にいちばんよく見られる悪い例が、「戻す場所がわかりにくい」ということ。戻そうと思っても、戻し先がどこにあるのか、戻し方（置き方）をどうすればよいのかがひと目でわかりにくいと、しだいに整頓が崩れていきます。

トヨタではこれを防ぐために、「置き場所をはっきり大きく表示する」という対策がとられています。

棚の目立つところに、「A部品」「B部品」などと、何が置かれるべき場所であるかを明示します。

オフィスであれば、「顧客Aの関連書類」「顧客Bの関連書類」などと引き出しや棚に明示されていれば、戻す場所で迷うことはありません。

オフィスでも応用できるものとして、トヨタには「姿置き」という整頓方法もあります。

たとえば、工具のスパナの置き場所を決めたら、戻すべき場所に、スパナの形状（姿）をイラストや写真で表示しておきます。

置き場にそのものの形を表示しておけば、どこに戻せばいいか一目瞭然です。

置き場所に文房具名を書いて貼ってもOK

こうした姿置きのしくみは、個人のデスクの上や引き出しの中でも応用できます。

・セロハンテープは右奥
・2穴パンチは手前
・ホチキスは左奥

このように決めて姿置きをしておけば、戻す場所も明確なので、その場所にきちんと戻すようになります。ほかのものを収納すると違和感を覚えるので、整頓された状態が保てるでしょう。

もし形状の表示がむずかしければ、置き場所に「セロハンテープ」「2穴パンチ」などと書いたテープを貼るだけでも、戻す場所がはっきりするので効果があります。

もちろん、これらの方法は、書類やファイルの管理にも応用できます。これらを収納するキャビネットや引き出しに「営業会議資料」「A社資料」などと書いたテープを貼っておけば、整頓がしやすくなります。

「姿置き」で戻す場所を明確にする

文房具が置いてある状態

文房具が使用されている場合

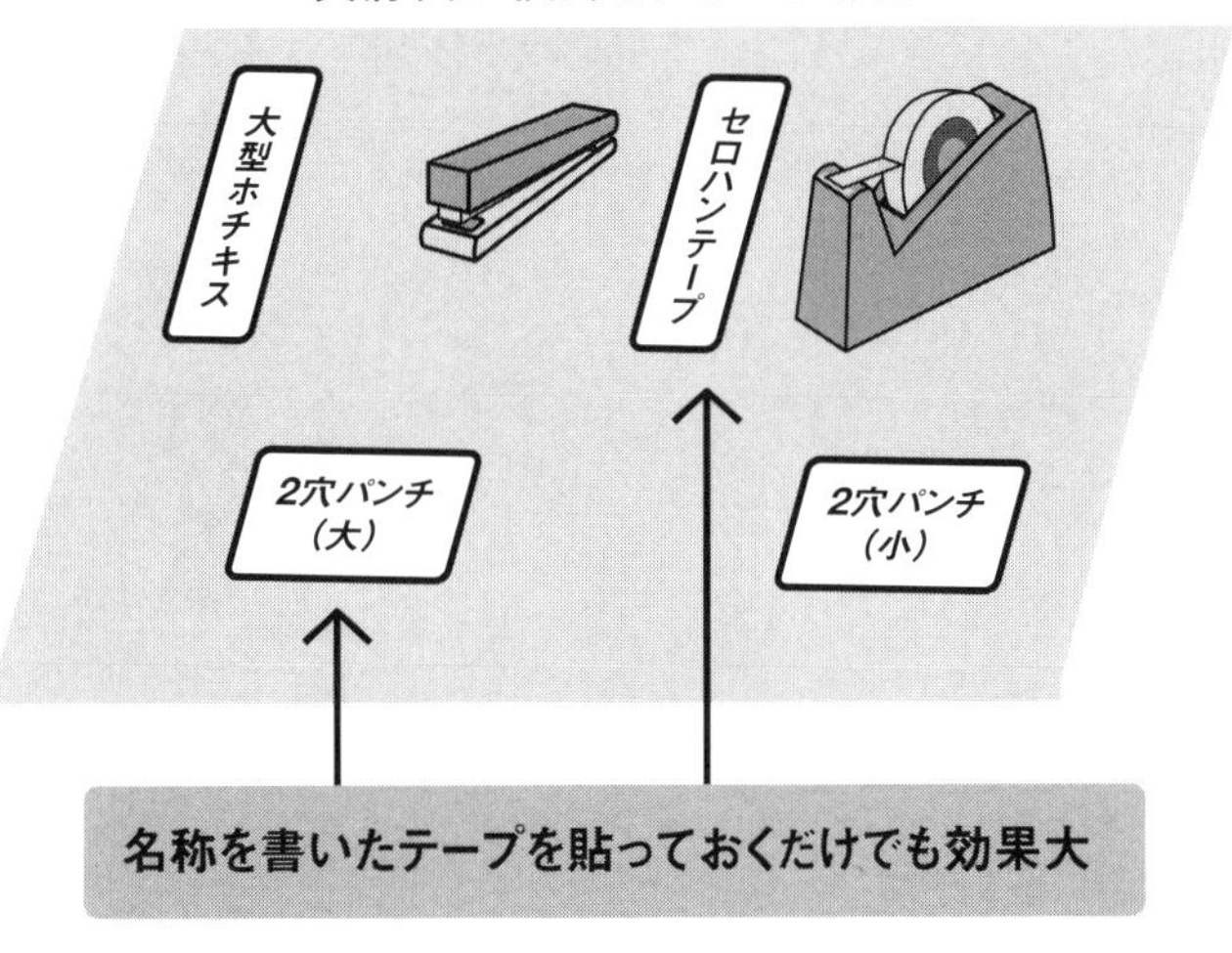

名称を書いたテープを貼っておくだけでも効果大

CHAPTER_2

5S

LECTURE

24 使う頻度で置き場所を決める

トヨタのものづくりの現場では、「動作経済」を重視しています。これは、生産性を高めるための人の動きを研究したものであり、反復作業の多い仕事などに活かされている考え方です。

たとえば、工場の作業者の場合を考えてみましょう。

作業に必要な部品・工具があったとしたら、それらは手の届く範囲に置く。人にとって、いちばん負担をかけずに効率よく動けるのは、この手の届く範囲なのです。

さらに、よく使うものであれば、脇を空けずに手に取れるところに置く。すると、さらに人への負担が軽くなる。

こうしたことを考えながら、何をどこに置くかの整頓を考えていくのです。

これはオフィスでも同様で、よく使う書類や文房具は、手の届く範囲に置いておく。わざわざ立ち上がったり、体ごと移動しなければいけない場所に置いてあったら、作業効率が悪くなります。

「必要なもの」を必要なときに必要なだけ取り出せるようにするのが「整頓」です。とはいえ、「必要なもの」がたくさんある場合、それらすべてを身のまわりに置いておくことはできません。自分の身のまわりのスペースにはかぎりがあります。

そこで、「必要なもの」を、ある基準にしたがって分類して、それぞれの置き場を考えます。その基準とは「頻度」です。

❶毎日使うのか
❷2〜3日置きに使うのか
❸1週間置きに使うのか

これらの基準でまとめ、その頻度順にものを手元に置いていくのです。

これは、家庭の台所でも同じです。

包丁など普段使うものは、すぐ手に取れる場所にありますよね。一方で、あまり使わないものは、棚の上のほうに置いているはず。頻度順にものを置いていくとは、そういう感覚です。

それは仕事でも同じ。

・よく使うものは、デスクの引き出しや身近な棚に置く
・1週間に1度、1カ月に1度であれば、少し離れた棚に置く
・半年に1度、1年に1度であれば、別棟の倉庫に置く

このようによく使う順にものを置いていくのです。

たとえば、この方法で書類を整頓する場合は、年度別・月別のボックスファイルに入れ、「右から左に流す」という固定した保管ルールを定めます。

現在が2015年3月であれば、

❶15年3月のボックス

書類は「よく使う順」で近くに置く

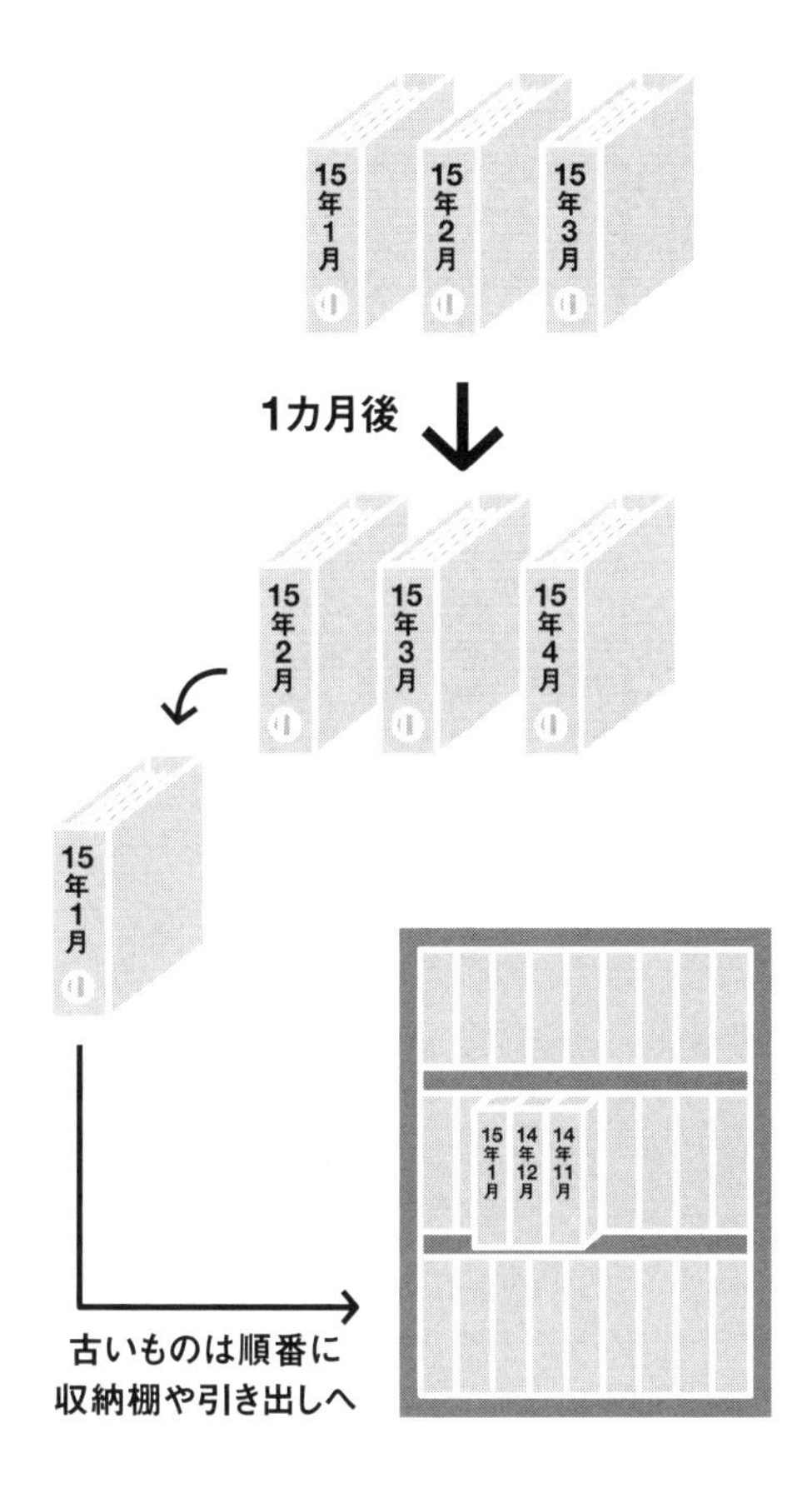

❷15年2月のボックス
❸15年1月のボックス

というように、手前から順に並べていきます。

翌月になったら、2015年4月の新しいボックスを手前につくり、それまでのボックスは1つずつ奥へずれていきます。

こうすると、使うことが多い直近の書類については常に手前にある状態をキープでき、使用頻度の減る古い書類は押し出されていくことになります。古くなった書類は少し離れた棚やキャビネットに収納しておくとよいでしょう。

そして、たとえば3年間という保管期間を設定しておき、それを過ぎたら、「いらないもの」として自動廃棄します。

よく使うものは近くに置き、あまり使わないものは遠くに置く。これを実践することでムダな書類が減ると同時に、仕事の生産性も高くなります。

LECTURE

25 線を1本引く

2014年のサッカーのワールドカップブラジル大会のとき、選手がフリーキックを蹴るときに、グラウンドに白い線をバニシング（消える）スプレーで引いていたのを覚えているでしょうか。

フリーキックでは、ボールを蹴る選手がゴールに入れにくいように、守備の選手が体で壁をつくるのですが、審判が見ていないうちに、少しずつ壁が前に出てきてしまいます。しかし、白い線を引くと、そうしたズルをする選手がいなくなりました。たった1本の線でしたが、大きな効果を発揮したのです。

実は、この1本の線の考え方は、トヨタの現場で昔から実践されてきたものです。

トレーナーが指導先の現場に入って、「整理・整頓をやりましょう」と言っても、現場の従業員が、まず何からやったらいいか、わからないということがあります。

そうしたときに、トレーナーは現場に1本の線を引きます。

たとえば、現場に台車があったら、それを使用しないときに置いておくべき場所を定め、区画線で囲む。この線はチョークで描いてもいいし、ガムテープを貼って示してもかまいません。

こうした区画線がピシッと引かれていれば、ものが区画線からはみ出していると気になり、「はみ出ているから、区画線の中に戻しておこう」という気持ちになります。

また、荷物がうず高く積まれているような職場であれば、壁に横線を入れて、「ものを置くのはこの高さまでにしましょう」とする。そうすれば、これ以上、高く積まないようにしようという気持ちが働きます。

線を引くだけでスリッパがキレイに並ぶ

こんな例もあります。

元トヨタマンのトレーナーが、スーパーマーケットのバックヤードの整理・整頓を進めたときのこと。

スーパーのバックヤードには、いろいろなものがあふれていて、乱雑になりやすい。従業員のスリッパが無茶苦茶に置かれていたので、まずはここから手をつけることになりました。

来店するお客様には、バックヤードの中は見られないけれど、バックヤードもきちんと整理・整頓するという姿勢は、おのずからお客様への接客にも反映されてくる、そう考えたからです。

トレーナーは、スリッパをきちんと並べておくよう、スーパーの従業員に呼びかけましたが、それだけでは従業員はなかなか動きません。忙しい業務の中で、みんなで守ろうとしたことをつい忘れてしまうのです。

そこで、トレーナーは、「まずは1本、線を引いてみる」の考え方を実践しました。

バックヤードの入口の床にマットを敷き、スリッパの幅だけを切り抜いたのです。置かれるべき場所が目に見えてわかりやすくなったので、たちまち従業員はその切り抜きの線に合わせて、スリッパをきちんと置くようになりました。

こうした考え方はオフィスやデスクまわりにも応用できます。

たとえば、デスクの上にビニールテープなどで区画線を引く。

「ここからここまでは、ものを置かない場所」と決めて作業スペースを確保すれば、むやみにものが積まれることはありませんし、整理・整頓の意識も身につきやすいでしょう。

また、「ペン立てはこの場所」「ファイルはこの場所」と定位置を決めて、区画線を引いてもいいでしょう。線でなくても、ビニールテープで「×印」をつけるだけでも視覚的な効果は十分です。

定位置に戻すのが苦手な人にはおすすめの方法です。

CHAPTER_2

5S

LECTURE

26 そうじも日常業務に組み込む

整理・整頓により、職場やデスクまわりが片づいたら、その状態を維持していくことが大切です。整理・整頓を終えた時点で満足して、せっかくキレイに片づいた状態が崩れてしまうケースはよくあります。

それを防ぐための方法が、5Sのうちの残りの3つです。

「清掃」（キレイにそうじする。日常的に使うものを汚れないようにする）
「清潔」（整理・整頓・清掃した状態を維持する）
「しつけ」（整理・整頓・清掃についてのルールを守らせる）

この3つが行なわれないと、整理・整頓をやっても元の状態に戻ってしまい、整理・整頓を延々とやり続けなければならなくなります。

特に、清掃が習慣化されないと、せっかく整理・整頓をしても台なしです。

清掃とは、「キレイにそうじすること」。

整理・整頓されたとしても、毎日の仕事の中で、ゴミが出たり、汚れがついたりします。これらを放置しておくと、キレイにしようという意識がどんどん低下していきます。

整理・整頓された状態をキープするいちばんの秘訣は、ずっとキレイにしておくことです。

「キレイなところほど、ゴミを捨てられない」と思いませんか。その反対に、いったん汚れてくると、さらに汚れていきやすい。

たとえば、放置自転車のカゴに空き缶がひとつ入れられると、「ここはゴミを捨ててもいいんだ」と思った人が次々とゴミを捨てていきます。そして、しまいにはカゴからあふれるほどに、ゴミがたまってしまう……。

反対に、同じ放置自転車でも、カゴにゴミがひとつ入れられるまでは、誰もゴミを捨てていい場所としては認識しません。

キレイな状態をキープしておくと、キレイなままです。誰かが汚してしまうと、みんなも汚し始めます。

清掃をする理由も、ここにあります。

常にキレイにしておけば、ずっとキレイなままでキープすることができます。何より、身のまわりがキレイになるのは気持ちいいので、仕事にもフレッシュな気分で取り組めます。

清掃はやり続けることに意味があるのです。

清掃のための「時間」をつくる

普段、職場で身のまわりのそうじをしているでしょうか。

そうじのための時間はもうけられていないかもしれません。そもそも、そうじは外部の業者にやってもらうのが常識という会社もあります。

しかし、清掃を習慣にするには、集中的にそうじを行う時間をもうけるのもひとつの方法です。

デスクまわりのそうじであれば、個人単位でもできます。自分で清掃する時間をつくって、定期的にデスクまわりのそうじをしてもいいでしょう。

たとえば、「終業前の5分間は片づけタイム」「毎週金曜日の15分間は清掃タイム」というように、日常業務の中に組み込んでしまうのです。

日々の忙しい仕事の中では、意識して清掃のための「時間」をつくらないと、清掃の活動は根づきません。でも、ほんの数分であれば、業務に支障が出ることはありませんよね。

「清掃は、仕事ではない。仕事の合間にやるもの」と考える人が多いですが、トヨタでは清掃は大切な業務の一部として考えています。

清掃は、散らかったあとや、汚れたあとにやるものではありません。日々、実行するものなのです。

LECTURE

27

清掃道具は「視える化」する

そうじを習慣化するには「道具」も重要です。

道具がなければ、そうじをしたくてもできません。

トレーナーの小笠原甲馬は、5Sがなかなか定着しない現場の指導に入ったことがあります。そこで、あるとき気づいたのは、清掃のための「道具」が何もそろえられていないということでした。

その職場では、5Sのための「時間」は与えられていたのですが、専用の洗剤が調っていませんでした。洗剤とひと口にいっても、床には床用、ガラスにはガラス用、設備には設備用のものがあります。

専用の洗剤を使わず、ぞうきんで拭くだけだと時間ばかりかかりますし、十分に汚

仕事哲学
CHAPTER_2 5S
改善力
問題解決力
上司力
コミュニケーション
実行力

れも落ちません。専用の洗剤をそろえておけば、短時間で終えることができ、習慣化しやすくなります。

✔デスクまわりに清掃道具を置けば習慣化しやすい

トヨタでは、情報を組織内で共有することによって、現場の問題を早期発見し、改善に役立てる「視える化」を徹底しています。

作業の清掃道具も、「視える化」すると、そうじが習慣化されます。

清掃道具は、たいていロッカーの中にしまわれています。お客様から見えない場所、つまりは職場の奥のほう、奥のほうへと追いやられがちです。

しかし、外から見えにくいと、雑然とほうきやモップがしまわれることになり、道具がなくなったり、傷んでいたりしてもわかりません。しかも、傷んでいたり汚れていたりする清掃道具は使いたくない、というのが人間の心理です。

ただでさえ面倒なそうじが、どんどん億劫になっていきます。

そこで、お客様の目につかないようなスペースで、なおかつ従業員からはオープンになっているスペース。そんな場所を探して、清掃道具をまとめておく。キレイな清掃道具がいつでも使える状態になっていれば、そうじに対するハードルが一気に下がります。

清掃道具を置いていない会社もあります。

その場合でも、自分のデスクまわりをすぐにそうじできるように、ぞうきんなど最低限の道具をそろえることをおすすめします。

ただ、ロッカーなどデスクから離れた場所に道具を置いておくと、どうしても億劫になります。

たとえば、デスクの内側にハンガーなどでぞうきんやハンディモップなどをつるしておくなど、できるだけデスクの近くに置くと、気軽に清掃に取りかかることができます。

LECTURE

28 清掃は問題発見のチャンス

工場で清掃することのメリットは、キレイになることだけではありません。清掃をすることで異常を見つけることもできます。

トヨタには、「清掃は点検なり」という言葉があり、「発生するゴミや小さな汚れの中から異常を発見する」ということがよくあります。

たとえば清掃していて、床にボルトがひとつ落ちていたとします。

それは、どこから落ちたのかを確認する。設備が老朽化していて、そこからボルトが外れたのであれば、不良やトラブルの原因となります。

床にオイルが数滴落ちているのを清掃中に見つけたら、設備のどこかから漏れている可能性があります。放っておけば、製品の不良や設備の故障にもつながりますし、オイルで滑って転倒事故が起きる危険もあります。

ゴムのかすなどが落ちていたら、設備のどこかのベルトが摩耗して劣化している可能性があります。それにいちはやく気づき、摩耗したベルトの交換などの処置を早急に行なえれば、設備の故障を未然に防ぐことができます。


「清掃は点検なり」は工場にかぎったことではありません。

オフィスやデスクまわりの清掃をすることで、整理・整頓がルールどおりにできているか、片づけがおろそかになっているところはないかをチェックする。

すると、積まれた書類の中から提出しなければならない書類が見つかるかもしれませんし、パソコンのデスクトップに乱雑に並んだファイルからすぐに処理しなければならない書類の存在に気づくかもしれません。

清掃は、いつもとは違った状況に気づき、問題を発見していくチャンスです。そうした意識をもって清掃に取り組むと、モチベーションが高まりますし、見える景色が違ってきます。

CHAPTER

3

改善力

すべての仕事の
ベースとなる
トヨタの「改善力」

「機械的に考えるのではない。
乾いたタオルでも
知恵を出せば水が出る。」

――トヨタ自動車元会長・豊田英二

LECTURE

29

仕事＝作業＋改善

「トヨタ＝改善」というイメージをもつ人は多いのではないでしょうか。

「改善」とは、人（Man）、機械（Machine）、材料（Material）、方法（Method）のいわゆる4Mに関するムダを見つけ、それらを迅速に排除していく活動をいいます。トヨタ生産方式のカギとなるもので、トヨタマンは入社早々、改善のやり方を叩き込まれていきます。

日々、改善を行なうことで、現場のムダをなくし、仕事の生産性を高めることができるからです。

トヨタと同じ製造業で働いていれば、ムダをなくす改善の重要性をイメージできると思いますが、オフィスワークをしている人には、「改善」という言葉はピンとこないかもしれません。

多くの人は、改善に対してこんなイメージをもっているのではないでしょうか。

「オフィスワークやクリエイティブな仕事には関係ない」

「改善とは、特別なスキル」

「改善はプロジェクトを組んで大々的に活動するもの」

しかし、トレーナーの中山憲雄は、「改善は特別なものではなく、日々実践すべきことだ」と言います。

「一般的な会社では日々の仕事と改善は別物として扱う場合が多い。一方、トヨタでは、『仕事＝作業＋改善』と考えます。与えられた作業をこなすだけでなく、改善を継続的にやり続けることがトヨタにおける仕事の意味です」

たとえば、製造現場である部品が必要なとき、歩いて20秒かかる棚までいちいち取りに行っていたとします。こうした動作が1日に30回もあれば、1日で10分（＝20秒×30回）、年間240日稼働だと40時間（＝10分×240日÷60分）のロスになります。ちりも積もれば山となるように、年間に換算すれば、大変なコストのムダとなります。

そこで、部品の棚を製造ラインの近くに移動して、1秒でその部品を取れるように改善すれば、仕事の生産性は向上します。

オフィスでも同じ。もしも整理・整頓ができていなくて、必要な書類を時間をかけて探すのが日常茶飯事だとしたら、年間で大きな時間のロスになります。しかし、書類の整理・整頓をして、すぐに目当ての書類を取り出せるようになれば、仕事の生産性は上がるでしょう。

つまり、改善をするかどうかは、日々の仕事の成果に大きな影響を与えることになるのです。だからこそ、改善を仕事の一部ととらえて、日常的に実践しなければなりません。

あるトレーナーは、管理監督者に昇格して以来、直属の上司にいつも「現場は毎日変化させないといけない」と言われてきたと語ります。

「現場は毎日変化させないといけない」というのは、改善をやり続けなさいという意味。改善をやり続けていれば、現場は当然ながら、どんどん変わっていくと同時に、仕事の生産性も高くなっていくのです。

改善はクリエイティブな仕事

改善は、本来、楽しいものです。

トヨタのラインでは、作業者が短時間で質の高い仕事をするために必死で働いています。その光景は一見、ロボットのように見えるかもしれません。しかし、決して彼らはロボットのように単純動作を繰り返しているわけではありません。

「何かおかしい」と思ったら、自らラインを止めて、改善案を考える。そして、その改善案が成果を出せば、まわりから評価され、報奨金ももらえる。

ロボットのように働いているように見えても、トヨタの作業者はクリエイティブな仕事をしているのです。

CHAPTER_3

改善力

LECTURE

30 改善のネタは「現場」に落ちている

53ページで述べた「現地・現物」は、改善の場面でも大切な原則です。トレーナーの加藤由昭は、「改善のネタは現場に山ほど落ちている」と言います。

たとえば、自動車のテールランプを取り付ける工程では、作業者は、ひたすらテールランプを取り付ける作業を繰り返します。

何度も同じことをやっていれば、改善する箇所はすぐになくなってしまうと思うかもしれませんが、実はそんなことはない。いろいろな角度から見ると、改善すべき点がいくつも見つかります。

テールランプを車体にはめるときの角度や順番、力加減、また部品や工具の位置などを工夫することで作業のムダは減りますし、作業内容が記載された指示票の色やフォントを変えることで見やすくなって、作業のミスが減ることもあります。車種や輸出する国によってもそれぞれ改善ポイントは異なります。

トヨタには「創意くふう」という制度があります。日常業務で気づいたこと、こうしたほうがいいと思った改善案などを、A4サイズの用紙1枚にまとめて上司に提出するのです。最終的にすばらしい提案だと評価されると、賞金がもらえるしくみになっています。

トヨタの従業員たちは、上司から、「創意くふう」にどんどん提案しろ、と言われる中で、日々改善力が鍛えられていきます。加藤は、1つの工程でこの「創意くふう」に毎日1件、年200件のペースで改善案を提出していたと言います。そこまでやっても改善のネタは尽きない、ということです。

あるQCサークル（小集団活動）のチームは、お客様目線で品質向上のヒントを得るために、トヨタのディーラー（販売店）へヒアリングに出かけました。

そこで、ある営業担当から以下の言葉を聞きました。

「お客様の前でレクサスのボンネットフードを閉めるときの音が大きくて気になる。レクサスはいろいろとすぐれた点があるので、この音を改善したら、さらにお客様におすすめできる車になる」

早速レクサスのライバルとなるほかの高級車を調査したところ、ボンネットフードを閉めたとき、あまり音が立つことなく静かでした。

こうした経緯もあって、レクサスのボンネットフードの閉まり音の改善にチャレンジし、質感向上を実現させました。この取り組みはトヨタ社内のQCサークル大会でも高く評価されました。

このようにトヨタでは、現場やお客様などあらゆる目線に立って改善を行なっています。これらの目線以外にも他部署の目線で見ると、全体像が見えてくることもあります。

あなたの仕事や職場にも、改善すべきムダや問題があらゆる場所にたくさん眠っています。ひとつの仕事をさまざまな角度からじっくり見ることによって、改善ポイントが見えてくるはずです。

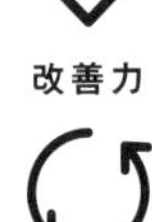

LECTURE

31 「作業」と「ムダ」に分ける

簡単にいえば、改善とは「ムダ」を省くことです。では、どんなものをムダというのでしょうか。

トヨタにおけるムダとは、「付加価値を高めない現象や結果」です。製造現場でいえば、「付加価値を生まず、原価のみを高める生産の要素」となります。

作業する人の動きにもムダが潜んでいます。作業するうえで必要のないもの、たとえば、作業することがない手待ちの時間や運搬の二度手間、工具を持ち替えることなどが該当します。すぐになくす必要があるもので、改善はこのムダを省くことから始めるのが基本です。

ただし、一見価値を生んでいるように見える「作業」にも、ムダが含まれていることがあります。

作業は、2つに分けられます。付加価値を高める「正味作業」と付加価値のない「付随作業」。

材料や製品を加工したり、部品を組み立てるといった「正味作業」こそが生産だといえます。

一方、付随作業は、部品の梱包を解いたり、部品を取りに行くといった作業のこと。現在の作業条件のもとではやらなければならないことなので、なくすには作業条件の変更が必要になります。しかし、うまく工夫すれば、ムダとして取り除くことができます。

このように、人の動きには「正味作業」「付随作業」「ムダ」の3つがあります。

ムダを取り除くことは当然で、付随作業をムダとみなして改善することもあれば、正味作業の中にも気づいていないムダが潜んでいることがあります。

トヨタでは、こうしたムダを徹底的に洗い出し、撲滅していくことが求められているのです。

「作業」と「ムダ」に分ける

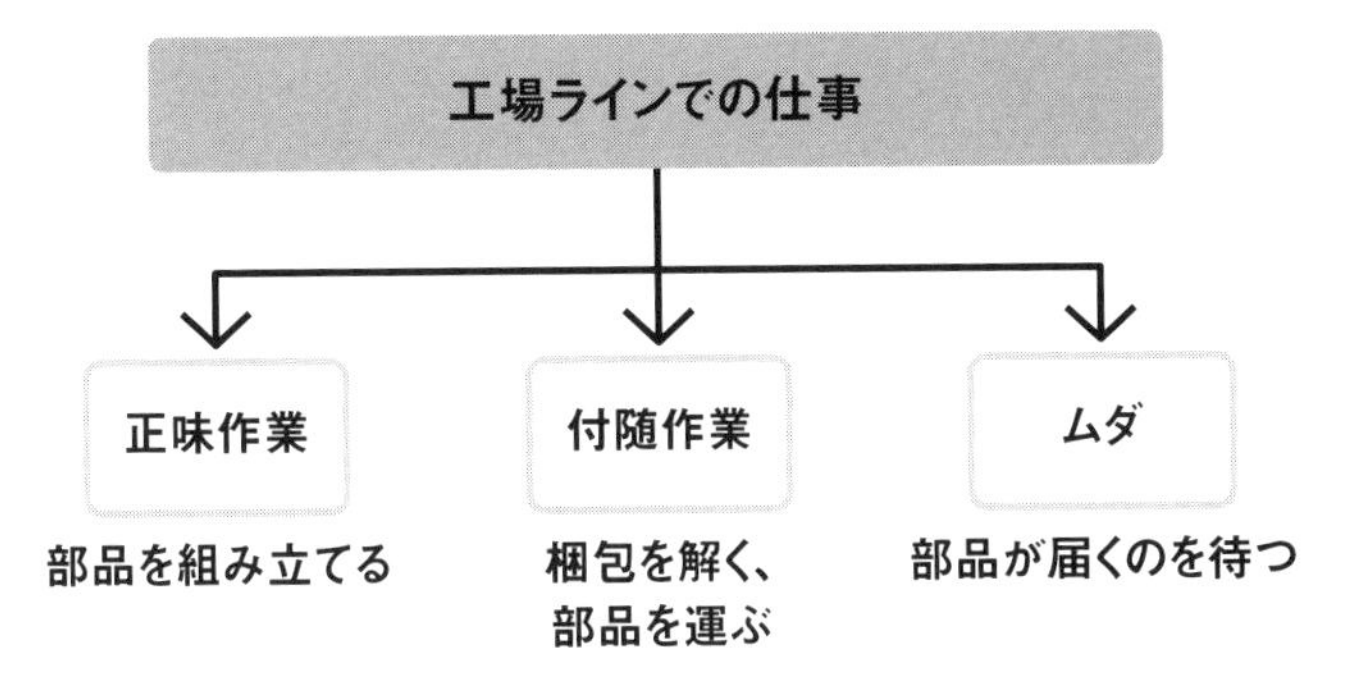
工場ラインでの仕事
正味作業
付随作業
ムダ
部品を組み立てる
梱包を解く、
部品を運ぶ
部品が届くのを待つ

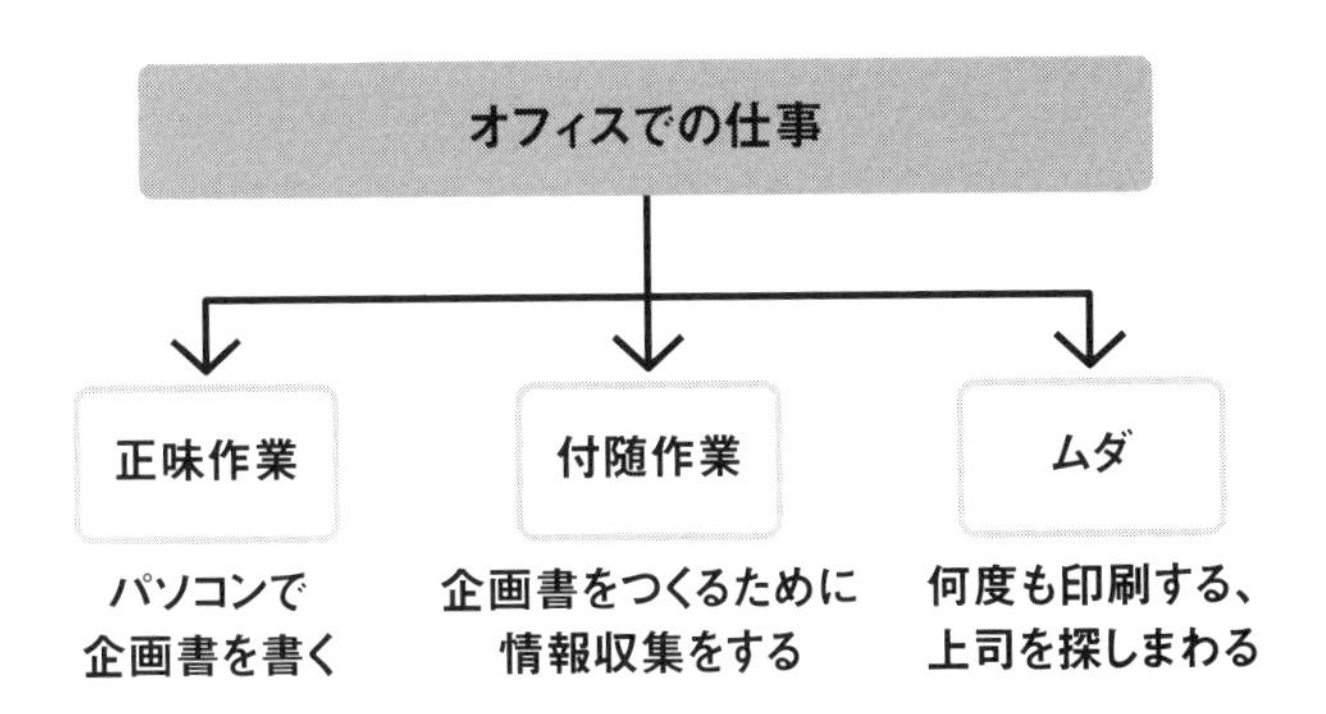
オフィスでの仕事
正味作業
付随作業
ムダ
パソコンで
企画書を書く
企画書をつくるために
情報収集をする
何度も印刷する、
上司を探しまわる

仕事を「正味作業」「付随作業」「ムダ」に分ける

あなたの仕事を観察してみましょう。

価値を生み出す正味作業は、どれくらいあるでしょうか。

たとえば、企画書を作成するとき、パソコンに向かって企画書を書く作業は「正味作業」といえますが、企画書の内容をつくるための情報収集は「付随作業」、企画書の内容に誤りがあって何度も印刷したり、確認のために上司を探しまわったりするのは「ムダ」です。

「付随作業」にもムダは潜んでいます。無関係な資料の閲覧はすぐにやめる必要がありますが、情報収集のやり方の中には、よりムダのない方法があるかもしれません。

「この作業は何のためにしているのか」と問いかけたうえで、自分の仕事を「作業」と「ムダ」に分けて、さらに作業を「正味作業」と「付随作業」に分解してみる。こうして自分の仕事を客観的に見ることによって、改善すべきムダが見えてきます。

CHAPTER_3

改善力

LECTURE

32 「7つのムダ」を探す

改善をしたことがない人にとって、簡単にムダを意識することはできません。これまでやってきたやり方が、当たり前になっているため、ムダが見えないのです。

トレーナーが指導先の企業で改善を教えるときは、さまざまな視点からヒントを示し、現場でのムダを見つけてもらいます。

ムダを発見するための視点のひとつが、「7つのムダ」です。これは、トヨタの改善の中でも代表的な視点といえます。それぞれ見ていきましょう。

❶つくりすぎのムダ

必要以上に多く生産したり、必要時期より早く生産すること。売れない製品をつくってしまえば、ムダになってしまいます。オフィスでも、たとえば商品パンフレットを作成する際に、主要製品だけではなく、年に1回程度しか売れない商品まで、手をかけて商品パンフレットを作成することもつくりすぎのムダになります。

❷手待ちのムダ

作業者が次の作業に進もうとしても進めず、一時的に何もすることがない状態。オフィスでいえば、別部署からの情報提供の待ち時間などがムダになります。

❸運搬のムダ

運搬は原価を高めるひとつの要因です。付加価値を生まず、原価のみが高くなるような運搬は、製品の価値を高めることにはなりません。レイアウトの改善などをすることによって、運搬そのものを減らすと、ムダを排除できます。

オフィスでいえば、何度も上長の印鑑をもらいに行ったり、資料のやり取りなどで何度もフロアを行き来するのは、運搬のムダといえます。

❹加工そのもののムダ

生産や品質に貢献しない不必要な加工のこと。オフィスでたとえれば、プレゼン資料のアニメーション・デザインに必要以上に凝ることが当てはまります。

❺在庫のムダ

必要以上に材料や仕掛品（しかかりひん）、完成在庫が出ること。在庫を保管するスペースのコストも発生しますし、在庫そのものが劣化して損失が出ることもあります。オフィスでいえば、備品やコピー用紙を大量に発注し、保管していることが挙げられます。

❻動作のムダ

付加価値を生まない人の動きで、ムダな動作や歩行、ムリな姿勢での作業などのことをいいます。キャビネット内の整理・整頓が不十分なために、過去の資料が手前にあり、毎日使う資料が奥に入っていて取り出しづらいといった場合も、動作のムダを生みます。

❼不良をつくるムダ

廃棄が必要な不良品や手直しが必要な製品をつくること。オフィスでいえば、チェックが不十分だったため、印刷後にミスが見つかった資料などが当てはまります。

誤解していただきたくないのは、「すべてのムダは7つのムダに分類できる」というわけではないこと。

あくまでもムダを発見しやすくするための視点のひとつです。

トレーナーの村上富造は、「こうした項目に絞って観察するとムダが発見しやすくなる」と言います。

指導先に行って、最初に問題を見つけてもらおうとしても、せいぜい見つけられるのは全体で5、6個。ところが、「地震で倒れそうなものを見つけてください」「何かのはずみで落下しそうなものを探してください」と項目を絞って探してもらうと、20個、30個と問題点が挙がってくる。

こうした手法を「項目観察」といいますが、「7つのムダ」などの項目に絞って職場や自分の仕事を観察することで、ムダが見つかりやすくなります。

LECTURE 33

仕事を「分割」して改善点をあぶり出す

トレーナーの高木新治は、「改善ポイントを見つけるのは簡単ではない」と言います。たとえば、「ボールペンで文字を書くとき、どのようにペンを持ちますか」と聞かれたら、どう答えるでしょうか。

「〝普通〟にペンを握って」などと答えるかもしれません。子どもの頃から、当たり前のようにペンを握ってきたのですから当然です。

改善もこれと同じで、昔から当たり前のようにやってきた仕事なので、自分でもどこが悪いかわからないのです。

改善すべきポイントを見つけ出すには、観察する視点を細かく「分割」することが有効です。

たとえば、ボールペンの握り方を説明するときは、親指はこの位置で、人差し指はこの位置で……ペン先から上に1・5センチの部分を持って、ペンの角度は75度で……といったように「分割」して説明できます。

このとき、よりうまく文字を書くにはどうすればいいかを考えるとしたら、ペン先から1センチ上のほうがいい、ペンの角度は85度のほうがいい、といった改善アイデアが出てくるかもしれません。

「分割」して作業を見ることによって、ムダや新しいアイデアに気づきやすくなるのです。

トレーナーの原田敏男が、日本企業のタイ現地法人で改善の手法を指導したときにも、作業を「分割」して改善するコツをつかんでもらったと言います。

タイの工場にいたのは、トヨタ生産方式のことなど聞いたことのないようなタイ人の若者ばかり。改善のイロハをまだ理解していない従業員にやってもらったのは、段取り替え作業（生産ラインを動かす前の準備作業）を短縮すること。

まずは、実際に段取り替え作業を観察しつつ、どんな作業があるか細かく分割して書き出してもらうと、１００個の作業が挙がりました。

しかし、どこを改善すればいいかわからないので、「動作の一個一個が半分の時間でできないか考えてみよう」とヒントを与えると、次々にアイデアが出てきました。

その中から、実現可能なアイデアを30個ほど選んで実行してもらうと、段取り替え時間が従来の3分の1に短縮されたのです。

「営業フロー」を分解するとムダが見える

こうして仕事を分割して改善する手法は、オフィスワークにも応用できます。

営業担当の場合、「あなたの営業の仕事のムダを見つけてください」と言っても、ムダがどこにあるか見当がつきませんし、どこから手をつけていいかわかりません。

そこで、営業のフローを「アポ取り」「事前の企画書作成」「商談」「クロージング」「アフターフォロー」というように分けてみます。

それぞれの項目は、もっと細かく分割することが必要です。

仕事を分割して改善点を見つける

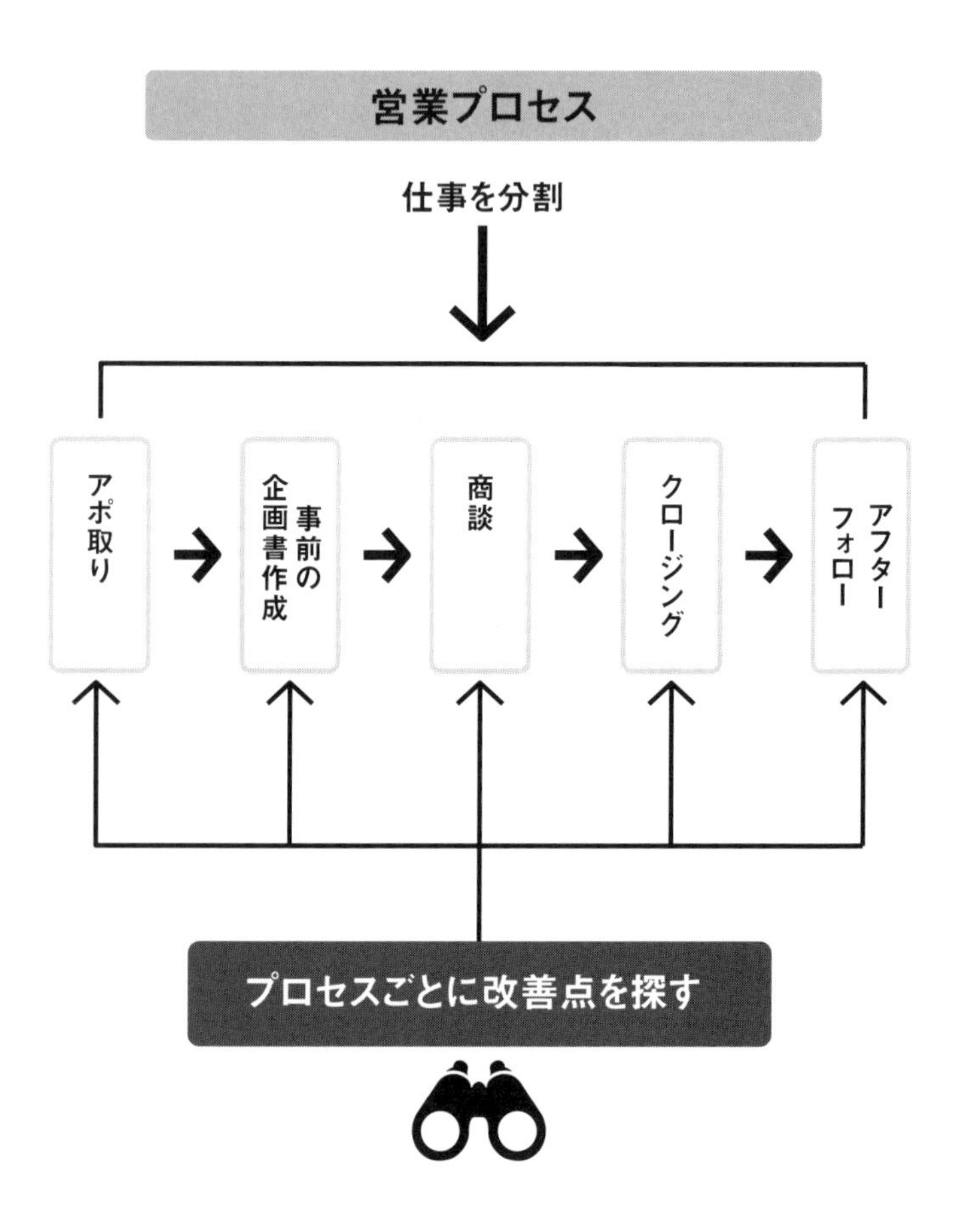

「アポ取り」であれば、「電話によるアポ取り」「飛び込み営業によるアポ取り」「ダイレクトメールによるアポ取り」などに分けることができます。

このように仕事を分割していくと、「電話でのトークをもっと磨いたほうがいい」「アポ取りをする効果的な時間帯を研究したほうがいい」「ダイレクトメールの文面をもっと刺激的にする」といった改善点が見つかりやすくなります。

もちろん、経理や事務などの仕事でも、細かく仕事を分割していけば、ムダや改善点が見つかるでしょう。

LECTURE

34 「楽になる」ために改善する

改善をやったことがない人は、「改善はつらい」「改善は面倒だ」というイメージをもっている人が少なくありません。誰でも慣れた作業を変えるとなれば、心穏やかではありません。

トレーナーの指導先でも、改善に対して嫌悪感を示す人は少なくありません。そんな現場で指導するとき、トレーナーの村上富造は、まずは「改善は作業者を楽にしてくれる」と説明し、理解してもらうと言います。

たとえば、製造現場で部品を取りに行くとき、往復16秒かかっていたとします。その過程には、大きな作業台が置いてあり、それを避けるために遠回りしなければなりません。

このようなケースでは、障害物になっている作業台を取り除いてあげる。すると、部品を取りに行く作業が往復4秒に短縮されました。

この変化を身をもって体験した作業者は、「楽になった」と喜んでくれます。

また、12秒の短縮は、決して小さくありません。1日に30回同じ作業を繰り返していたら、1カ月で120分（＝12秒×30回×20日）、1年間で24時間（＝120分×12カ月）以上のムダを省くことができます。

このように改善は、作業者にとってもメリットがあるものです。これを理解すると、自分から改善したいという気持ちに駆られていきます。

現場の作業者は、ラインが遅れないように必死に仕事をしていますが、その動きをよく見ていると、不自然な姿勢で作業をしていたり、ラインから遠く離れて部品を取りに行ったりすることがよくあります。

作業者が走りまわったり、動きまわったり、時間をかけて大変な作業をしていたのを、改善によって楽にする。

たとえば、「ラインから離れることなくうしろを振り向けば部品が取れるようにする」「かがんで部品を取らなくて済むように、立ったままで部品が取れる置き場をつくる」といった具合です。

このような作業者が「ムリをしている」部分は、改善の宝庫。

トヨタの生産現場では、「ムダ」「ムラ」「ムリ」の3つを取り除けと、口酸っぱく言われます。

「ムダ」「ムラ」「ムリ」を取り除く

「ムダ」は、先に述べたように、「付加価値を高めない現象や結果」のこと。

「ムラ」は、製品や部品の生産計画と生産量が一致せず、一時的に増減すること。仕事量のバラつきが生まれ、効率的な生産ができません。

「ムリ」とは、心身に過度の負担がかかること（機械設備面では、その能力に対して過度の負担をかけること）。

たとえば、たくさん並んだイスをほかの部屋に移動させるとき、一気に2つを運んで、イスを床にひきずったり壁にぶつけたりすれば、それは、「ムリ」をしていることとになります。

オフィスワークでも、ムリをしている部分に着目すると、改善点が見つかりやすくなります。

たとえば、特定の人や部署に仕事が集中し、残業が発生しているケース。仕事をほかの部署に割り振ったり、人員を補充したりするなどの対策をとれば、だいぶ「ラク」になるはずです。

また、パソコンを長時間使用する仕事で、肩こりや目の疲れに苦しんでいるのであれば、目にやさしい液晶保護フィルムをパソコン画面に取り付けたり、パソコン用のメガネを使用したりする。

一つひとつは小さな改善かもしれませんが、こうして改善をしてムリを楽に変えることで、仕事の生産性は高まっていくのです。

CHAPTER_3

改善力

LECTURE

35

「横着」になる

「改善案を提案しなさい」と言われても、何か特別なことを提案しなければならないと身構えてしまう人もいるでしょう。

あるトレーナーは、トヨタで管理監督者だった頃、そんな若い作業者がいたら「たまには横着になれ」と指導していたと言います。

「なかなか『創意くふう』に参加できないでいる人たちに、やる気を出してもらうためによくそう言っていました。みんなが楽になる方法を考えようといった意味合いです。たまには面倒くさいと思い、ずるく考えれば、何か工夫の種が生まれ、そこから改善が生まれることはよくあります」

あなたが日々行なっている仕事の中にも「面倒くさいなあ」と思うことはないでしょうか。

毎日の作業だけど、いつも億劫で気が進まない。そんな作業に改善のネタが眠っていることがあります。

たとえば、メールの文章で「お世話になっております。○○社の××です」といちいち入力するのが面倒だと思えば、それをしなくても済む方法を考えてみる。

「O・S・E」と入力すれば、「お世話になっております。○○社の××です」の文章が表示されるように単語登録をしておけば、時間の節約になります。

小さな改善かもしれませんが、1年に何度も入力する文章ですから、トータルで見れば大きな改善です。

このように日々の仕事の中にある面倒なことに着目し、「横着」になってアイデアを考えてみる。すると、改善につながるテーマを見つけやすくなります。

LECTURE
36 マルを描いて立つ

改善すべきムダを見つけるための視点には、「定点観測」という方法もあります。

トレーナーの堤喜代志はトヨタで班長を務めていた頃、大野耐一の懐刀ともいわれた鈴村喜久男に指導を受けたことがありました。

ある日、鈴村は堤の現場にやって来ると、いきなり工場内にチョークで直径1メートルほどのマルを描いて、「ここに立って、現場を見てみろ。30分動くなよ」と言いました。

「なんでこんなことをしなければいけないのか」と最初は思ったそうですが、しばらく立って見てみると、不思議なことに「あそこは人の動きが悪い」「あの人は忙しそうに動いているばかりで、肝心な作業をしていない」「今やらなくてもいい作業をしている」という問題点が見えてきました。そのとき堤は、「動いてしまうから見えない」ということに気づいたと言います。

じっと冷静に定点観測をしているからこそ、見えてくるムダがあります。

トレーナーの村上富造も、指導先で改善の経験が乏しい作業者にそのコツを教えるときは、現場を見渡せる中2階などに連れて行き、現場をじっくりと観察させながら指導すると言います。

「じっと俯瞰（ふかん）してみると、たとえば、『あの人は移動するときに、毎回、設備をまたいでいる』といったことに気づく。すると、その設備をほかの場所に移動するとか、ほかの通路を確保するといった改善策が考えられます。なぜ、あのような行動をしているのかを観察させたり、場合によっては、『なぜ、あなたは設備をまたいで移動するのですか』と現場の人に質問させたりすることで、何を改善すべきかが見えてきます」

また、ひとつの場所に立ち止まって現場の光景を切り取って見てみると、ある傾向が見えてきます。

たとえば、視界に入った人が10人いれば、そのうち加工などの「正味作業」をしている者が3人、部品の梱包を解いたりボタンを操作したりといった「付随作業」をしている者が3人、部品を取りに行くなど歩いている者が3人、そして最後に、何をしているかわからない者が1人、といった割合でいるものです。


それはオフィスでも同じ。1カ所にとどまってオフィス内を観察すると、作業のムダが見えてきます。

たとえば、何度もコピー機との間を往復している人。コピーをとる時間はいわゆる付随作業です。

そもそもコピーをとる必要があるのか、まとめてコピーをとることができないのか、といったことを検討すれば、その人の作業時間のムダを省くことができますし、コピー用紙を削減してコストダウンにつながる可能性もあります。

こうして、価値を生む作業をしている人以外の人の行動に注目すると、そこにムダを生んでいる行動が見つかりやすくなるのです。

LECTURE

37

「汚れ」のあるところに注目する

「汚れがあるところに改善すべき問題が潜んでいる」と語るのは、トレーナーの山口悦次です。

家庭の冷蔵庫がいい例です。中身がぐちゃぐちゃになって、しょうゆなどの調味料がたれて汚れているような冷蔵庫の中には、賞味期限が切れた食材が放置されていたりするものです。冷蔵庫の中に何が入っているかもわからない状態だと、必要のない食材を買ってきてしまうこともあるでしょう。

工場の設備も同じ。機械が油で汚れていれば、オイル漏れが生じている可能性がありますし、資材の削りかすが放置されているようであれば、その削りかすが機械の隙間に入り込んで故障を引き起こす可能性があります。

オフィスであれば、机の上に積まれた書類。書類の山は問題の山です。
特に、ほこりをかぶっているようであれば、しばらく手をつけずに放置している証拠です。仕事の処理の遅れは、後工程に伝わり、大きな問題になることがあります。
山口は、「書類の扱いを見れば、その人の仕事ぶりに問題があるかどうか推測できる」と言います。

「ある会社を訪ねたとき、設計図面が無造作に放置されているのに気づきました。しかも、図面の一部が折れ曲がっているばかりか、泥で汚れていました。設計図面といえば、その仕事の基盤となる大事な〝宝物〟です。極端な話かもしれませんが、図面が汚れていれば、数字の『8』が『3』に見えてしまうおそれがあり、それが重大な問題につながりかねません」

書類にかぎらず、パソコンの中身も同じです。しばらく開いていないファイルが放置されていたり、ファイルがフォルダ分けなどされず、ひと目でどこにどの情報があるかわからない場合などは、そこに問題が潜んでいる可能性があります。

CHAPTER_3

改善力

LECTURE

38 忙しくしている人は問題を抱えている

歩くスピードの速い場所や急いでいる人がいる場所には、問題が眠っていることが多くあります。

トレーナーの加藤由昭は、「腕のいい人か悪い人かは、作業を見ていればわかる」と言いきります。

腕のいい人は、ゆったりと流れるような作業をしている。体の軸がぶれずに、手先だけを動かしているようなイメージです。

一方、腕の悪い人は、カクカクと体の動きが大きい。忙しそうに汗をかきながら作業をしています。

一見、後者のほうが一生懸命に作業をしているように見えます。しかし、そのように見えるのは、ムダな動きが多いから。腕のいい人は、動きにムダがなく、効率よく作業をしているので、あまり動くことなく、涼しい顔で作業ができるのです。

淡々と仕事をするのは段取りがよい証拠

トヨタには、こんなエピソードが残っています。

ある切削工程の組長が上司である工長に、「5Sの時間に、いつもタバコを吸っている人たちがいます。なんとかしてください」と訴えました。

すると、工長は、その組長をこう言って叱りつけたといいます。

「どこに目をつけているんだ！　彼らの職場をよく見なさい。ゴミや部品が落ちていたり、油が床にこぼれていたりするか？　いつもキレイになっているだろう。みんなが5Sをしているときに、悠然としていられる。それは、普段から5Sの基本ができている証拠ではないか」

普段からムダのない仕事をしている人は、淡々と仕事をこなしているように見えるものです。

一方、それができていない人は、いつもバタバタと忙しくしているように見えます。電話が頻繁にかかってきて忙しそうに見えるのは、段取りや連絡がうまくいっていない結果かもしれません。


あなたのオフィスを見渡してみましょう。

速足で歩いている人、残業している人も、そうせざるをえない問題があるはずです。いつも残業ばかりしているけれど成果はいまいちな人がいる一方、さっさと定時で仕事を切り上げて、きっちりと成果を出している人がいるのではないでしょうか。

そこに改善すべきムダが眠っています。

CHAPTER_3

改善力

LECTURE

39 自分の仕事を「視える化」する

トヨタでは、ムダや問題を探すときに、よく作業や職場を動画撮影します。客観的に自分たちの仕事を見ることによって、ムダや問題が見つかりやすくなるからです。

ある病院の改善を担当した加藤由昭は、医師や看護師をはじめスタッフたちに、彼らの仕事ぶりをビデオで撮影するように提案しました。

そして、その撮影した映像をスタッフたちと一緒に見てみると、「看護師の動きが一定ではなく、人によってバラツキがある」「看護師と看護助手の役割分担が明確ではない」など、これまで意識していなかったムダがあることに気づきました。

その後、この病院では、看護師や看護助手のための作業要領書（標準書）をつくって仕事の標準化を図ったり、看護師と看護助手の仕事の振り分けを確認したりといった対策をとることができました。

こうした取り組みの結果、看護師などの稼働率が高まり、1日にこなす検査数は約10%アップ、超過勤務は50%減少したといいます。


客観的に仕事を見るという意味では、まったく畑違いの部署の人や外部の人の目を借りると、問題が見つかりやすくなります。つまり、他人の目を使って自分の仕事を「視える化」するのです。

日常業務に慣れてしまうと、今やっていることが当たり前になり、仮に問題があっても気づきにくくなってしまいます。

しかし、新人や部署移動をしてきた人たちは、「なんでこんな面倒なことをしているのだろう」「この作業は意味があるのだろうか」などと疑問に思うケースが多々あるものです。


「改善の成果を視える化することは、さらなる改善につながる」と話すのは、トレーナーの柴田毅。

柴田が5Sの指導に入ったある企業では、改善の事例を写真などで社内のイントラネットに公開したといいます。

「改善の事例をビフォー・アフターで紹介しているので、見た目にも改善の効果があきらかでインパクトがあったようです。

何よりもよかったのは、改善の事例を見た人が、その改善をした部署のところに来て、『すごいですね』などと褒めてくれたこと。改善をした本人は認めてもらえたことがうれしくて、また次の改善をしたくなりますし、ほかの部署でも『うちでもやってみようか』という反響もありました」

改善の成功例を視える化することによって、こうした前向きなサイクルが生まれるのです。

CHAPTER_3

改善力

LECTURE

40 「ヒヤリハット」は隠さない

「オフィス内を歩いていて床に張られたＬＡＮケーブルでつまずきそうになった」

「ものを取るとき、邪魔になるものがあって、手が引っかかりそうになった」

トヨタでは、このような「重大災害につながるようなヒヤリハット体験は隠さずに報告しろ」という言葉が飛び交っています。

「ヒヤリハット」とは、現場でヒヤッとしたこと、現場でハッとしたことを指します。一大事には至らなかったものの、大きな事故・災害・ケガにつながりかねないことを感じさせる体験のことです。

たとえば、モーターに吊りボルトがついていたとします。それがモーターを吊り上げたときに、吊りボルトが外れ、ドンと下へ落ちてしまった。モーターが落ちた距離はわずか5センチ。

一般的には、ほんの5センチ落ちただけなので、吊りボルトを締め直してモーターから外れないようにすればよく、わざわざ上に報告しなくてもいいと思いがちです。

しかし、トヨタではこうしたヒヤリハット体験はただちに全社に報告され、そして、「すべての工場の吊りボルトの点検をしなさい」と全社展開されることになります。これを「横展（よこてん）」といいます（くわしくは364ページ参照）。

このように小さなヒヤリハットの体験はすぐに報告し、全社的に改善する。そうすることによって、重大な事故やトラブルを未然に防げるのです。

お客様の小さな不満も改善のヒント

営業現場のヒヤリハットといえば、お客様からのクレームでしょう。

クレームといっても、お客様が怒りを激しくぶつけてくる場合もあれば、ちょっとした小さな要望レベルの場合もあります。

「こんな機能がついていたらいいのに」
「他社の製品に比べて、この点が不便だ」
「もっとアフターサービスが充実していれば便利なのに」

このように、お客様が営業担当にポツリと漏らした要望などは、あまり真剣にとらえず、そのまま流してしまう場合もあります。

しかし、こうした小さなお客様の不満が増幅されて、大きなクレームにつながったり、売上の減少という形で跳ね返ってくることは十分に考えられます。

トヨタでは、ヒヤリハットした出来事は、「ヒヤリハット報告書」にまとめられ、上司に報告されます。

営業の場合も、たとえば、お客様から言われた要望や小さなクレームを営業日報などに記載し、上司や同僚と共有することで、商品やサービスの改善につながり、大きなトラブルやミスを防ぐことができます。

CHAPTER_3

改善力

LECTURE

41 「標準」を決める

トヨタには「標準」という考え方があります。

標準とは、各作業のやり方や条件であり、作業者はこれにもとづきながら、仕事をこなしていきます。簡単にいえば、標準とは、「このようにつくりましょう」という取り決めです。

具体的には、作業要領書や作業指導書、品質チェック要領書、刃具取り替え作業要領書など「標準書」は多岐にわたります。

これらは、少しずつ各職場でつくられてきたもので、まさに現場の知恵が凝縮された手引書です。

たとえば、ある部品のボルトを締める作業があるとき、「しっかり締めろよ」と教えても、人によって「しっかり」の解釈に誤差があるため、ボルトが緩い状態になってしまう可能性があります。

しかし、「カチッという音がするまで締める」という標準が決められていれば、誰でも同じ強さで締められます。

標準とは「誰がやっても同じものができるしくみ」なのです。

トヨタでは、さまざまな作業にこうした標準が定められています。

こうした標準があるからこそ、作業や品質が一定のレベルを保つことができると同時に、上司が部下に教えるときも、新しい部下が入ってくるたびに一人ひとりに何度も教える必要がなくなります。部下は標準書を読めば、ある程度自分で判断ができるからです。

こうした標準があると、何がムダで、何を改善しなければならないかが明確になります。また、どんな状態が異常であるか一目瞭然ですし、改善によって標準よりよくなったのか、悪くなったのかを判断することもできます。

たとえば、ある工程で「在庫は30個まで」が標準になっている場合、半分の15個で済むようになれば、それは立派な改善だといえます。

「標準」はマニュアルとは違う

勘違いしてはいけないのは、トヨタの「標準」は、いわゆる「マニュアル」ではありません。

マニュアルは、現場での変更を認めませんが、標準はそこから改善することも許されています。改善によって、よりよい標準へと書き換えることができれば、それが新しい標準になります。

あるトレーナーが指導に入った会社の経営者は、「標準化は嫌いだ」と言い放ったといいます。

「標準をつくってしまうと、考えない社員が育ってしまう」という主張でした。

この経営者は、マニュアルと標準を混同していたのです。たしかに、マニュアルであれば自分の頭で考えなくなってしまう可能性がありますが、標準は常に進化してい

「標準」は書き換えられていくもの

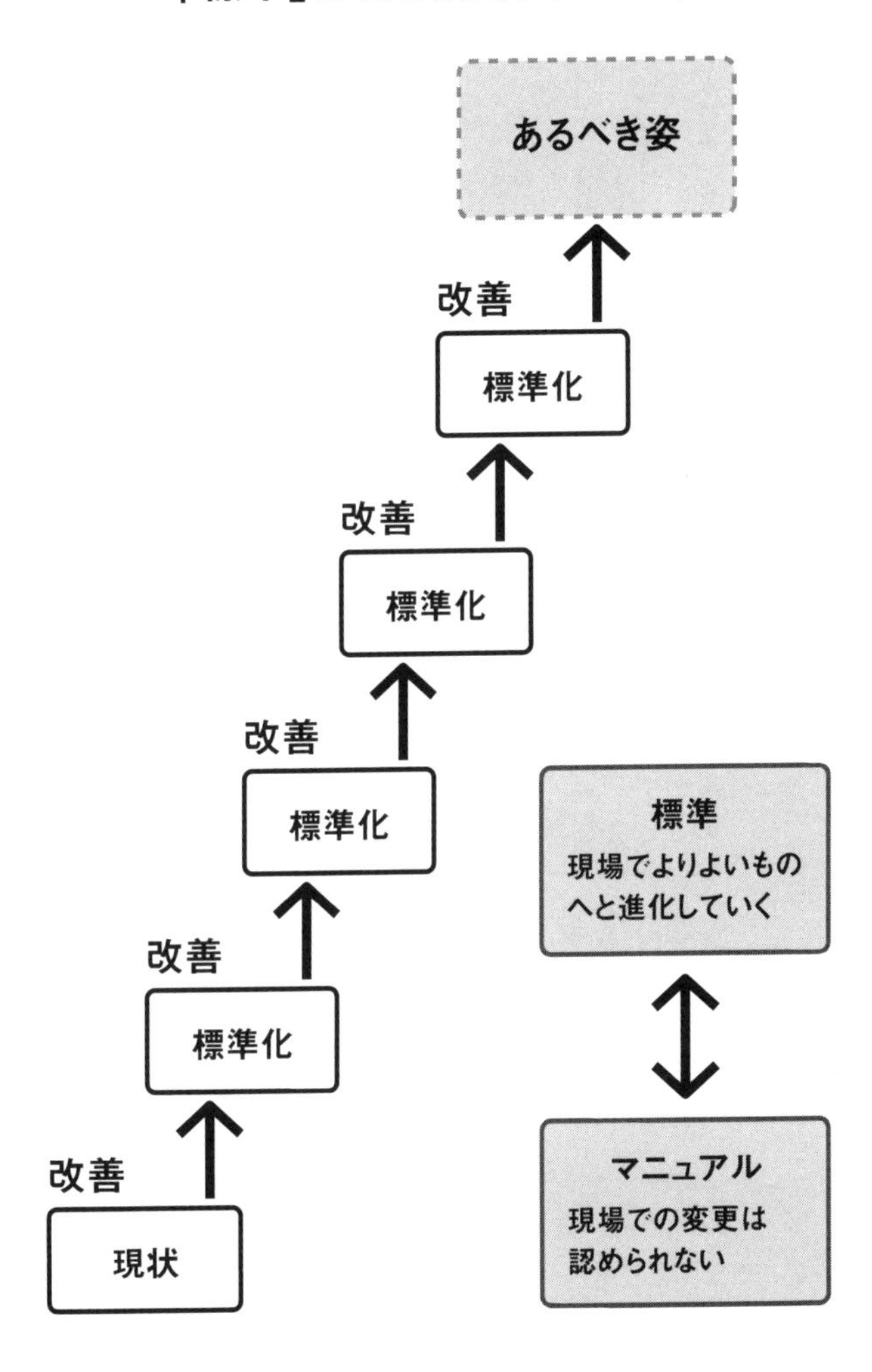

くことが前提です。よりよい標準を目指して知恵を絞ることになります。

標準がなければ、改善も改悪も判断のしようがありませんが、標準があれば、それがひとつの基準になります。

日々、現場の人によって書き換えられ、進化していくのが標準の特徴です。

どんな仕事にも、「こうすれば安全にできる、正確にできる、効率的にできる」という標準があるはずです。

たとえば、企画書や報告書のフォーマットなども標準といえますし、職場に共通する営業プロセスそのものも標準と考えられます。

こうした標準を意識して仕事をすることによって、よりよい仕事をしようという改善意識が発揮されるのです。

自分が日々行なっている仕事の標準を洗い直してみましょう。

LECTURE

42 「真因」をつぶす

改善をしなければならないということは、ムダや問題を引き起こす原因があるということです。この原因を取り除くことができて、初めて改善ができます。

ところが、原因を排除したにもかかわらず、同じようなムダや問題が再発するケースがよくあります。

たとえば、コピー機が動かないという問題が発生したとします。調べると、コピー機が紙詰まりを起こしているのが原因だとわかりました。このとき、詰まった用紙を取り除けば、コピー機はまた動きだします。一見、問題は取り除かれたように見えるでしょう。

しかし、しばらくすると、また紙詰まりが発生してコピー機が停止。その後も、紙詰まりを何度も繰り返すことに……。

結局、自力では解決できずにコピー機メーカーに連絡して、くわしく調べてもらったところ、コピー用紙そのものに原因があるとのこと。コピー用紙が湿気を帯びていることによって、紙がお互いにべったりくっついてローラーがうまく紙を送り出すことができなかったのです。

本当の原因は、結露が発生しやすい窓際にコピー用紙を保管していたことにあったのです。

トヨタでは、問題の原因を2つの種類に分けて改善を進めていきます。

「要因」と「真因」です。

要因とは、何か問題が発生したときの理由のことで、これを解消しただけでは問題が再発する場合があります。表面的な原因です。

真因とは、問題を発生させる真の要因のこと。これに対策を打てば二度と再発しません。

トヨタでは、改善を実行するとき、うわべだけの「要因」ではなく、「真因」を取り除くことを目指します。

「真の原因」を放置したままだと同じ問題が発生する

トレーナーの鵜飼憲は、「真因を取り除かないかぎり、何度もムダや問題は発生する。再発防止は図れない」と言います。

鵜飼がある食品会社で改善の指導をしていたときのこと。

ある食品をつくる機械の先についている部品が折れる、という問題が起きました。このとき、その職場の責任者は、「スペアの部品があるから、交換しておきなさい」と部下に指示を出しました。

そのやり取りを聞いていた鵜飼は、「待ってください。それでは問題を取り除いたことになりません」と言って真因を追究するよう促しました。

よくよく聞いてみると、これまでにも何度か部品が折れたことがあったとのこと。スペアに交換しただけでは、また問題が再発するのはあきらかでした。

調査の結果、部品を洗浄するときに、部品が洗浄機のある箇所にぶつかっていました。さらに、機械の可動範囲が大きく、本来当たるべきではない箇所にまで部品が当たっていたこともわかりました。部品が折れる理由としては後者のほうが大きいこともわかったので、すぐに設備メーカーに頼んで機械の設定を修正してもらいました。

この場合、機械の設定を変更して、初めて改善をしたといえるのです。


真因を放置したままの改善では、何度も同じ問題が発生します。

不具合というモグラが出てきたら、それをつぶす。次に、別のモグラが出てくれば、それをつぶす……。そうこうしているうちに、最初のモグラがまた出てくる。こんな仕事をしていたらムダな時間ばかりかかってしまいます。

あなたの仕事は、モグラ叩きに追われていないでしょうか。

せっかくデスクの上に乱雑に積み上がっていた不要な書類を処分しても、書類を整頓するための方法やルールがなければ、また不要な書類であふれかえってしまいます。お客様からのクレームに対して謝るばかりで、クレームの原因を根本からつぶさなければ、また同じようなクレームの対処に忙殺されるばかり。

改善とは、モグラを叩かなくても済む方法を考えることなのです。

CHAPTER_3

改善力

LECTURE

43 「事後の百策」より「事前の一策」

トヨタの現場では「事前の一策、事後の百策」という言葉がよく使われていました。早め早めに手を打てば、問題が大きくならないで済む。事が起きてからやると対処すべきことは多くなるが、事が起きる前にやれば、一策で済むということです。

つまり、前準備の大切さをあらわした言葉なのです。

トレーナーの中野勝雄が指導に当たった工場で、「事前の一策、事後の百策」の大切さを再認識させられる出来事がありました。

その工場にはプレス機が置かれていましたが、その周囲には安全柵がありませんでした。プレス機に作業者が手をはさみ込んだりすれば、大事故につながります。

「なぜ、安全柵をもうけていないのか」と尋ねると、「過去に（作業者が手をはさみ込むなどの）事故が発生していないから」とのこと。

人は無意識のうちにプレス機に手を出してしまうなど、想定外のことをやってしまうことがあります。もし、安全柵がなければ、そうした行動を防げず、作業者が大ケガをすることになります。

そこで、中野は「事前の一策、事後の百策」という言葉を使って現場責任者と話し、現場を説得して安全柵をつけるようにと指導しました。

失敗をノートに記録しておく

では、どうしたら「事前の一策」を適切にとれるようになるのでしょうか。

あるトレーナーは、「過去の失敗の経験を活かすといい」と言います。

そのトレーナーは、自分で新しいラインを立ち上げたとき、それまでのトヨタでの失敗経験を、可能なかぎり織り込みました。過去に作業者がケガをした事例、不良品をつくってしまった事例を調べ、徹底してそういう状況にならないようにしたと言います。

特に注意したのは、安全と品質。「絶対に作業者にケガをさせない」「不良品をつくらない」「不良品を流さない」、そういうしくみをつくるために過去の失敗の経験は有効です。

そのためにも、かつてどんな失敗をしたのか、その失敗からどんなことを学んだのか。その記録をとっておくことが大事になります。

あるトレーナーはトヨタ時代、現場で起きた失敗、そこから学んだ教訓をノートに記録し続けていたと言います。トヨタでは同じように、失敗をノートに記録している人が少なくありません。

仕事をしているとなんらかのトラブルが毎日のように発生します。それがどんな状況で起きたか、どういう対策をとったかを他人のトラブルも含めてノートに書いておく。

それを続けることで、失敗は大きな財産となり、適切な「事前の一策」をとることができるようになるのです。

CHAPTER

問題解決力

どんな環境でも勝ち続けるトヨタの「問題解決力」

「仕事は人が探してくれるものではなく、自分で見つけるべきものだ。」

――豊田式自動織機の発明者・豊田佐吉

LECTURE

44 「あるべき姿」と「現状」のギャップを知る

「あるべき姿」と「現状」とのギャップ。

トヨタでは、「問題」をこのように定義しています。

「あるべき姿」とは、具体的には目標や基準、標準などのことをいいます。

問題解決は、これらを意識することから始まります。

たとえば、ある製品を製造するのにかかる時間（リードタイム）の目標が120分なのに、現状では130分かかっているとします。

この120分と130分のズレは、埋めなければならない問題です。

営業担当であるあなたの毎月の売上目標が8000万円であるにもかかわらず、500万円にしか達していなかったら、それも解決しなければならない問題です。

トヨタでは、先述したように「標準」という言葉がよく使われます。「標準」とは、現時点で最もよいとされるやり方や条件であり、作業者はこれにもとづきながら、仕事をこなしていきます。

もしこうした「標準」に達していない場合もまた、問題として認識しなければなりません。

もし目標や基準、標準を意識しなかったらどうなるでしょうか。

リードタイムの目標や売上目標、あるいは標準を意識していなければ、自分の現状が目標や標準に達していないという「現状」を理解できません。「自分なりによく頑張っている」で満足してしまう可能性もあります。

目標や基準、標準などの「あるべき姿」を意識しなければ、問題は見えてこないのです。

あなたの仕事にもなんらかの目標や標準があるはずです。

売上目標かもしれませんし、一定レベルの仕事ができるようになることかもしれません。

まずは、「あるべき姿」を設定することから始めましょう。

そのうえで現状と比較することによって、解決すべき問題が見えてきます。

「腹落ち」するあるべき姿を設定する

ただし、問題解決をする本人が理解・納得して「腹落ち」していないあるべき姿は、絵に描いた餅で終わりがちです。

あるべき姿は、価値観や経験値、立場などでどうしても個人差があります。

たとえば、ある会社の社長にとって「(今は小さい会社だけれど、いずれは)売上が業界ナンバーワンの会社にしたい」というのがあるべき姿だとしても、同じ会社の営業担当にとっては、「お客様といい関係を築いて、喜んでもらう」があるべき姿かもしれません。

「あるべき姿」は「ありたい姿」とは違います。「こうなったらいいなあ」といったレベルの実現不可能な願望では、結局実行に移されません。少なくとも現場の営業担当にとって「売上が業界ナンバーワンの会社にしたい」というのは、「ありたい姿」でしかありません。

立場や部署、経験などによって「あるべき姿」が異なる場合は、それぞれの個人の能力の範囲内で「あるべき姿」を考えることが原則です。自分の能力を超えたテーマは解決されずに放置されてしまうからです。

営業の一担当が、「売上が業界ナンバーワンの会社にしたい」とあるべき姿を掲げても、無力感を覚えるだけです。

トレーナーの山口悦次は、「あるべき姿を描く際には、会社や部署としてのミッションと、メンバー個人の思いを結びつけることが大切だ」と言います。

たとえば、会社のあるべき姿が「売上が業界ナンバーワンの会社にしたい」であれば、営業担当個人の「お客様といい関係を築いて、喜んでもらう」という思いと結びつけます。仮に「既存顧客の売上20％増」というあるべき姿であれば、個人も納得できますし、結果的に売上増に貢献することが可能です。

このように自分にとって身近な表現に変えることによって、部署の「あるべき姿」に向けて頑張ることができます。

CHAPTER_4

問題解決力

LECTURE

45 問題には「発生型」と「設定型」がある

トヨタでは問題の種類を大きく次の2つの種類に分けています。

❶発生型問題
❷設定型問題

❶発生型問題は、昨日発生した問題、今日発生した問題、あるいは慢性化して日々困っているような問題のことをいいます。すでに存在する「あるべき姿」に達していない問題ともいえます。

オフィスでいえば、「書類確認のミスが多発している」「営業担当の訪問件数が足り

発生型問題と設定型問題

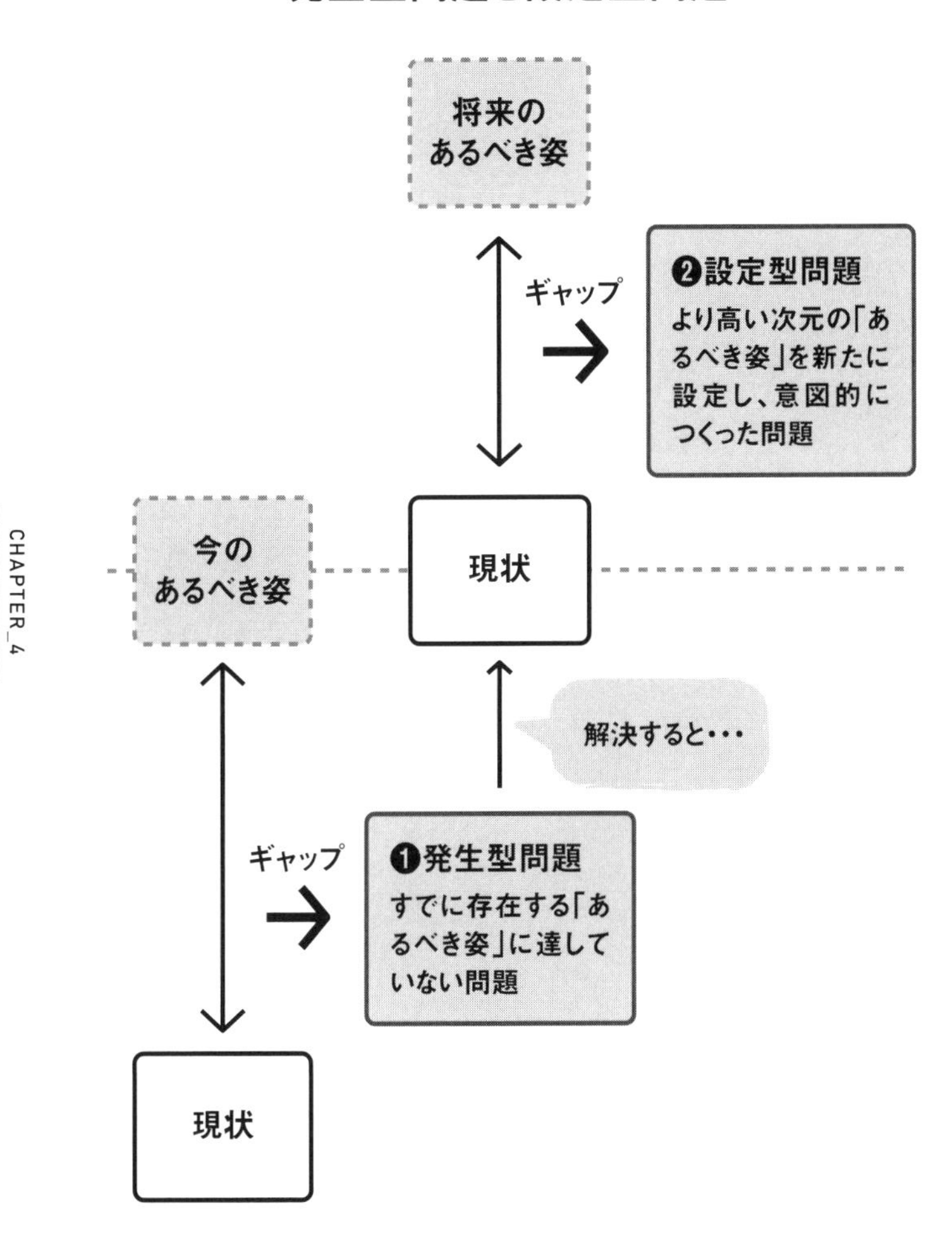

ていない」「お客様からのクレームが増えている」「納期に間に合わない」「デスクまわりが汚くて書類が見つからない」といった問題が該当します。

現状がマイナスの状態であり、ゼロの状態に戻すための問題解決といえます。

もっといえば、第２章、第３章で述べた「５Ｓ」や「改善」で扱う問題の多くは、この発生型問題解決に分類されると考えていいでしょう。

一方、❷設定型問題は、今後半年から3年という期間で見たときに解決が必要となる問題のことをいいます。

本章では、おもにこの❷設定型問題の解決方法について説明していきます。

設定型問題解決では、現状では、「あるべき姿」の基準を満たしているが、より高い次元の「あるべき姿」を新たに設定し、意図的にギャップ（問題）をつくり出すのがポイントです。

たとえば、次のようなケースが、設定型問題解決になります。

・現在は不良率４％の基準を満たしているが、１年後には不良率１％を目標とする

・売上ノルマ800万円をクリアしているが、1年後に1000万円を目標とする
・今のところ問題はないが、今後、新卒社員を採用するため、社内研修システムを充実させる
・3年後に多くの定年退職者が発生するので採用人数を増やす
・2年後の消費税率アップを見越した販売戦略を構築する

問題解決力は「最後の匠(たくみ)の技」

トヨタでは、入社間もない新人の頃は、発生型問題解決が中心になりますが、経験を積んで中堅として活躍する段階では、自分で問題を設定して、設定型問題解決を行なっていくことが求められます。

「問題解決力は、現場に残された『最後の匠の技』と言っても過言ではない」と言うのはトレーナーの谷勝美です。

オートメーション化が進む現在は、かつての「匠の技」といわれるノウハウやスキルもどんどん自動化されています。だから、ぼんやりしていると、人は決められた作

業をこなすだけの単なる「作業者」になってしまう。

しかし、オートメーション化が進んでも、決して機械化できないのが「自分で問題を設定して解決する技術」です。

これは、ものづくりの現場だけに当てはまることではありません。

問題解決のスキルは、営業やサービス、企画開発などさまざまな職場でも必要です。

あなたが営業担当で、お客様の層が若者に偏っているのであれば、「3年間で30〜40代の顧客を50%増やす」といった「あるべき姿」を設定する。開発担当なら「新しい○○の技術を用いてエネルギー効率を50%アップさせた製品を開発する」といった「あるべき姿」を設定する。

また、オフィスで働く事務職も同じ考え方です。

たとえば、「残業時間を減らしたい」という「あるべき姿」を達成するために、これまで1回ずつ印刷していた伝票を、まとめてセットで印刷することによって作業時間を短縮し、残業時間を減らすということもできます。

問題解決力は、あらゆるビジネスパーソンに求められる能力なのです。

LECTURE

46 「ビジョン指向型」でイノベーションを起こす

設定型問題解決には、実はもうひとつのタイプがあります。

「ビジョン指向型問題解決」です。

設定型問題解決が、半年から3年先の「あるべき姿」を描くのに対して、ビジョン指向型では、中長期的視野をもって世界情勢など大きな視点から「あるべき姿」を設定し、現状とのギャップを埋めていきます。

自分で「あるべき姿」を設定するという意味では、設定型問題解決の発展形といえますが、大きな視点から「背景」までとらえる点が両者の大きな違いです。

ここでいう「背景」とは、トヨタの場合だと次のようなものをいいます。

・世界の経済情勢は、これからどのような動きを見せるか
・世界の自動車産業はどのような状況か。今後どうなるか
・日本の経済や自動車産業は、これからどのような状況になりそうか

このような大きな外部環境の分析を踏まえたうえで「トヨタはどうあるべきか」↓「自分の部署・職場は、どうあるべきか」↓「自分がすべきことは何か？」といった具合に身近なところまで問題を下ろしていき、ビジョン指向型問題解決のテーマを見つけていくのです。

ビジョン指向型から「プリウス」は生まれた

このように、ビジョン指向型問題解決は、スケールが大きく視野が広いため、イノベーション（革新）などにつながる可能性があります。

ビジョン指向型問題解決から生まれたのが、トヨタのハイブリッド車「プリウス」水素を燃料とする世界初のセダン型燃料電池車「ＭＩＲＡＩ（ミライ）」などのイノ

ベーションです。

プリウスの開発前は、長いスパンで世界情勢を見たときに、将来石油が枯渇し、高騰することが予測され、環境問題も深刻化していくことが予見できました。

そう遠くない将来、石油を大量に消費し、環境にダメージを与える自動車のあり方に見直しが迫られることは十分考えられていました。

そうした背景を踏まえて、「人と地球にとって快適であること」というコンセプト(あるべき姿)のもとに生まれたのがプリウスです。

効率化やムダの低減など生産性を高めることや目先の利益を確保することばかりに焦点を合わせていたら、決して生まれなかった発想です。未来の「あるべき姿」をクローズアップすることにより、初めてイノベーションは実現できるのです。

ビジョン指向型問題解決はスケールが大きくなりますが、あるべき姿を描いて、現状とのギャップを埋めるという意味では、基本的には発生型問題解決や設定型問題解決とやるべきことは一緒です。

問題のテーマが大きくなるだけで、ノウハウ自体は何も変わりません。

したがって、発生型問題解決や設定型問題解決を職場で繰り返していくことによって、ビジョン指向型問題解決の力も自然と育まれていくのです。「日々の問題解決が、将来のイノベーションにつながる」といっても過言ではありません。

豊田式自動織機の発明者で、トヨタグループの礎をつくった豊田佐吉は、「障子を開けてみよ、外は広いぞ」という言葉を残しています。目の前の問題ばかりではなく、日々世の中の動向を見ながら、5年先、10年先のあるべき姿に目を向ける。

こうした長期の視点は、問題解決の分野にかぎらず、あらゆるビジネスパーソンに求められています。

「自己成長するためには、自分の10年後の『あるべき姿』を常に描いておくべきだ」と語るのはトレーナーの近藤刀一です。

たとえば、10年後に班長になってリーダーとしてチームを引っ張りたいというあるべき姿をもっていれば、班長になるためには何が足りないか、何を勉強し、身につけなければならないかがあきらかになります。そうして不足している点一つひとつをつぶしていくことで確実に成長していきます。

漫然と目の前の仕事をこなしているばかりでは成長できません。

LECTURE

47 大きな問題は8ステップを踏む

仕事で起きる問題には大小があります。

「机の上が片づいていない」「提出書類の締め切りに遅れる」といった比較的小さく、よく起きがちな問題であれば、これまでの経験や勘に頼って対策を立てて、根絶することも可能です。

しかし、「目標達成ができない」「高い確率で不良品が発生する」「従業員がすぐに辞めてしまう」といったレベルの「大きな問題」は、勘や経験で簡単に解決するとはかぎりません。

根本から解決しようと思えば、時間もかかりますし、何が本当の問題であるかが見えていないケースがほとんどです。

トヨタでは、こうした「大きな問題」を解決するときには、一連のステップを踏みます。

それが、「問題解決の8ステップ」です。

❶問題を明確にする
❷現状を把握する
❸目標を設定する
❹真因を考え抜く
❺対策計画を立てる
❻対策を実施する
❼効果を確認する
❽成果を定着させる

本書は問題解決の専門書ではないので詳細は省きますが、トヨタの現場では、日々このようなステップを踏むことで、おもに設定型問題解決に取り組んでいるのです。

問題解決の8ステップ

①問題を明確にする	解決すべきテーマを「重要度」「緊急度」「拡大傾向」などの視点から選ぶ
②現状を把握する	問題をブレイクダウン(層別)し、「攻撃対象」を見つける
③目標を設定する	達成目標は具体的に数値で示す
④真因を考え抜く	問題が起きる真因(真の原因)を「なぜなぜ5回」で突き止める
⑤対策計画を立てる	真因をなくす対策案を出し、効果的なものに絞り込む
⑥対策を実施する	対策案を決めたら、チーム一丸となってすばやく行動に移す
⑦効果を確認する	対策を実行した結果、目標を達成できたかチェックする
⑧成果を定着させる	誰がやっても同じ成果を出せるように成功のプロセスを「標準化」する

CHAPTER_4

問題解決力

LECTURE

48 「問題・対策ありき」で取り組まない

問題解決の8ステップでは、最初のステップである「❶問題を明確にする」と次のステップ「❷現状を把握する」が非常に重要です。

トレーナーの大鹿辰己は、「問題解決のプロセスは、ステップ❶と❷のプロセスに70％の時間と労力を費やすことになる」と証言するほどです。

特に、問題解決のスタートである「❶問題を明確にする」というステップは重要です。どんな問題テーマを設定するかで、そのあとのステップが左右されるからです。

しかし、実際にはこのステップをすっ飛ばして問題解決に取り組んでしまうケースは少なくありません。これでは本当に解決されるべき問題が残され、重要ではない問題に力を注いでしまう結果となります。

よくあるダメな例は、「問題ありき」です。

トレーナーの大鹿がある会社の営業部門の指導に入ったときの話です。

その会社では、社長の方針で「販売計画の精度アップ」「新製品の販売促進」などと問題テーマが事前に固められていました。そのテーマが営業部の担当者に下ろされている状態だったので、問題テーマの設定に苦労したと言います。

トヨタの場合、まず「問題が何であるか」を十分に分析し明確にしてから、その解決策を考えていきます。

しかし、「本当の問題が何であるか」を分析することなく、「問題ありき」で問題解決を進めても、本当に解決すべき問題ではない可能性が高い。そうした問題を解決するのに躍起になって、結局、成果が上がらないことはよくあります。

問題のテーマを設定するには、根拠が必要です。根拠がない問題は、実際には問題ではない可能性が高いのです。

「対策ありき」で問題解決に取り組んでしまう人も少なくありません。

たとえば、ライバル会社が成功しているからといった理由で、「LINE（ライン）」を社内のコミュニケーションツールとして活用する」といった対策が先に決まるケースがあります。

この場合、対策の中身に合わせた問題を設定することになりがち。「社内コミュニケーションが不足している」といった本来解決すべき問題ではないことにスポットが当てられ、的の外れた問題解決をしてしまう可能性もあります。

問題解決の目的は、問題テーマに合わせた対策を施し、解決することです。対策から入ったら、対策を施すこと自体が目的になってしまいます。

問題テーマを設定するときは、「問題ありき」「対策ありき」になっていないかチェックしましょう。

実際に困っている問題は何か。それを引き起こしている「本当の問題」を出発点にすることが大切です。

LECTURE

49 「数字」で解決する問題を選ぶ

「問題テーマ」は、どうやって選べばよいでしょうか。

答えは、「想い」ではなく「数字」などのデータにもとづいて問題をとらえることです。

トレーナーの山口悦次が改善指導に入った会社では、東日本大震災の直後だったということもあって、「津波発生時の部品納入体制の確立」を問題解決のテーマとして選定しました。

チーム内で、津波被害を想定した地図（津波ハザードマップ）の上に、自社製品の主力部品を納入している取引会社をマッピング（表示）してみました。

すると、すべての取引会社が津波の被害を受けて、「90％以上の製品が生産できなくなる」という衝撃的な事実がわかりました。

「90％以上が生産できない」という数字を見て、同社が本気で問題解決に乗り出したのはいうまでもありません。

「想い」ではなく「データ」に注目する

問題に取り組む当事者が問題テーマの重要さを理解し腹落ちしていなければ、問題解決は継続できません。

特に、まだ起きていない問題をテーマにする設定型問題解決の場合は、危機やトラブルが迫っていないため、ついあとまわしになってしまいます。

「○○したい」という「想い」は、人によってとらえ方が異なるため、すべての人が腹落ちするわけではありません。

しかし、問題を「データ」で示されれば、「○○を解決しなければならない」と腹落ちしやすくなります。

問題テーマを設定するときは、売上や利益率、クレーム数、不良率、作業時間、普及率などの「数字」にフォーカスしましょう。

数字に異常があれば問題が発生している証拠。そこには、確実にやらなければならない問題があります。

「最近、売上が悪い」

「なんとなくクレームが増えたような気がする」

このような肌感覚でとらえているだけでは、深刻な問題として認識できません。

「利益率が10％落ちている」

「クレームが前月比30％増えている」

こうした数字でとらえることによって、取り組むべき問題が浮き彫りになります。

CHAPTER_4

問題解決力

LECTURE

50 問題を発見する8つの視点

解決すべき問題を発見するにはどうすればよいでしょうか。

トヨタでは、次の8つの視点から問題をとらえるように意識づけされています。

❶悩みごと、困りごと

今、自分が悩んでいることや、困っていることを書き出すのがいちばん簡単な方法です。

「自社ホームページの閲覧数が低い」「顧客からクレームが続いている」「経費関連書類に記入ミスが多い」「最近、残業が多い」など、職場全体のこと、個人レベルのことを問わず、できるだけたくさん出していくと問題が見えてきます。

トヨタでは、職場のメンバー同士で思いつくかぎり、悩んでいること、困っていることを挙げていきますが、複数で行なうことによって、さまざまな視点から問題が見えてきます。

❷ 4Mの視点から見る

どこから考えていいかわからないという場合、次の「4M」の視点から考えると、頭の中が整理できて便利です。4Mはおもに製造業での視点ですが、オフィスでも対応可能です。

・人（Man）——仕事をこなす能力、スキルがあるか。人手は足りているか
・機械（Machine）——設備（パソコンなど）に不具合はないか、使いづらい点はないか
・材料（Material）——原料や仕入れたもの（収集した情報）に問題はないか
・方法（Method）——ほかに効率的なやり方はないか。この方法はやりにくくないか

❸上位方針との比較

会社や部署など上位の方針と、自分や自分の部署の現状を比較します。たとえば、会社の年間の売上ノルマが前年対比10％増であるのに、自分の部署の成績が現状で前年対比３％増にとどまっている場合、問題としてとらえる必要があります。

❹後工程への迷惑

工場の工程で、次の工程からクレームがあれば問題があるのは明確です。オフィスでも、書類の提出が遅かったり、書類に不備があって差し戻される場合、上司から注意を受けた場合は、問題としてとらえる必要があります。

また、お客様からのクレームは、重要な問題として受け止めなければなりません。

❺基準との比較

基準は、「正常である」ことの判断軸となるもので、「標準」と違って数値化が可能である点が特徴です。製造業などの場合、本来あるべき規格や仕様とズレが生じていたら、問題が発生しているととらえる必要があります。

❻標準との比較

「標準」は現時点で最もよいとされるやり方や条件のこと。たとえば、「企画書の完成度」「営業担当の売り込みのプロセス」といったものは、ある程度「標準」といえるものがあるはずです。それらと比較することで、自分に足りていないことなどの問題が見える可能性があります。

❼過去との比較

過去の数値や状態と比べて悪化していないかどうかを確認します。たとえば、前年のクレーム率が1％だったのに、今年が4％に上昇していたら問題です。

❽他部署との比較

会社の他部署との間で、数値や状態を比べてみます。たとえば、経費精算書類の記入ミスがほかの部署と比べて際立って多ければ、自分の部署のやり方に問題がある可能性が高いといえます。

CHAPTER_4

問題解決力

LECTURE

51 問題を3つの視点で評価する

問題テーマをピックアップしたら、早速それらの解決に取りかかりたくなりますが、発見した問題テーマすべてを一気に解決するのには、時間も手間もかかるので、現実的ではありません。

そこで、取りかかる問題のテーマを絞り込み、優先順位を決める作業が必要になります。

もちろん、問題は同時多発的に発生しています。現実には同時並行で解決しなければならないケースもありますが、基本的に問題には重点的に取り組まないと、力が分散してしまい、中途半端な解決に終わってしまいます。

したがって、問題テーマはひとつに絞り、ひとつずつ順番に解決していくのが原則です。

では、どのような基準で問題を絞り込むのか。

たとえば、「不良品が発生している」という問題と、「オフィス内の壁紙がはがれかけている」という問題があったら、当然、前者のほうが重要度も緊急度も高く、優先的に取り組むべき問題であることはわかります。

しかし、実際にはどの問題も重要かつ緊急に見えるものです。

トヨタでは、おもに次の3つの視点から問題を評価します。

❶重要度
❷緊急度
❸拡大傾向

❶重要度は、問題が影響を及ぼす「範囲」と「大きさ」に分けられます。

「影響の範囲」でいえば、職場内で困る程度の問題よりも、商品の品質やサービスの低下などお客様に迷惑をかけるような問題のほうが影響を与える範囲が広く、「重要度が高い問題」といえます。

「影響の大きさ」でいえば、「品質が悪い」「不良が多い」「納期に間に合わない」といった問題は、信用を損なうなど、影響が小さくありません。すぐに対処すべき問題でしょう。

❷緊急度は、「ただちに手を打たないと、どんな影響があるか」という視点です。

たとえば、もしも放置したままでいると、目標が未達成に終わってしまったり、生産変動に対応できなかったり、お客様のクレームにつながったりするケースは、「緊急度が高い」と判断すべきです。

❸拡大傾向は、「このまま放置しておいたら、どれだけ不具合が拡大するか」です。

たとえば、月間の売上未達の状況が、さらに悪化傾向にあり、このまま対策を打たないと、年間目標を下回ってしまうことが確実である場合は無視できません。この場合は拡大傾向が大きいといえます。

複数の問題がある場合は、この3つの視点から総合的に判断するといいでしょう。

また、ここで重要なのは、複数の視点から判断することです。

少々フランクなたとえですが、男女の恋愛でも異性に、「あなたのすべてが好き」と言われてもピンときません。

「やさしい性格と料理が上手なところが好き」と言われたほうが、どのような点が好きかが伝わりやすく、説得力が違います。

これと同じで、問題も複数の視点からとらえることにより、その問題の大きさが浮き彫りになるのです。

問題を絞るときの視点は、❶重要度、❷緊急度、❸拡大傾向の3つでなければならないという決まりはありません。

場合によっては、重要度の指標が3つ並んでもいいですし、「実現可能性」（現実的に実行可能かという視点）など、ほかの指標に置き換えてもかまいません。

自分の職場や仕事が重視する項目によって、カスタマイズするといいでしょう。

LECTURE

52 「現地・現物」で問題点を特定する

解決すべき問題テーマが見つかったら、問題解決の8ステップ、ステップ❷「現状を把握する」に移ります。簡単にいえば、問題をブレイクダウン（分解）するのです。問題はたいてい小さな問題が絡み合って大きな問題になっています。だから、この時点では、見つけた問題は大きくてあいまいである可能性が大きいのです。

たとえば、「新入社員の定着率が悪い」という問題は、さまざまな要因の組み合わせによって発生していると考えられます。

そこで、大きな問題を分解し、自分が取り組める具体的なレベルの問題に整理していきます。つまり、解決すべき〝攻撃対象〟を決めるのです。

問題を分解する段階で気をつけておきたいことがあります。

それは、「現地・現物で問題点を特定する」ということです。

53ページでも紹介した「現地・現物」は、トヨタで重要視されている考え方で、現場を見ることで真実が見えてきます。

・現場に行って自分の目で確認する
・客観的なデータをそろえて数字のバラツキを見る
・自分でも体験してみる
・お客様や販売店、関係部署の人の話を聞く

このように実際に起きていることを自分の目と耳で確認することによって、問題のありかが見えてくるのです。

工場のように作業の工程がはっきりし、データをとりやすい現場では、現地・現物によって問題が見えてきますが、事務系や企画系のオフィスワーク中心の職場では、

仕事のプロセスがはっきりしていませんし、定量的なデータをとれるケースは少ないでしょう。

そういう職種の場合のコツは、自分の仕事の流れを整理することです。

自分の仕事のプロセスを分解する

プロセスがない仕事はありません。アウトプットを生む以上、そのアウトプットに至るプロセスが必ずあります。

たとえば、「お客様への企画提案の採用率が低い」という問題テーマがあるとしたら、企画をプレゼンするまでにいくつかのプロセスがあります。

作業❶：企画テーマを決める

↓

作業❷：情報収集をする

↓

作業❸：市場分析をする
↓
作業❹：企画書をまとめる
↓
作業❺：お客様にプレゼンをする

このように自分の仕事のプロセスをさかのぼり、分解していくと、どこに問題がありそうなのか見えてくることがあります。

企画テーマそのものが悪いのか、情報収集の方向性が間違っていたのか、対象とする市場を間違っていたのか、それとも企画書やスライドが読みにくいのか、あるいはプレゼンの話し方に問題があるのか——。

つまり、仕事のプロセスを分解し詳細に見れば見るほど、問題を見つけやすくなるのです。

LECTURE

53 取り組む問題は欲張ってはいけない

取り組む問題を決めるときによくある失敗は、「大きな問題を解決しよう」と欲張りすぎることです。

たとえば、「営業の売上を上げる」というテーマだと、売上を上げるための方策すべてが対象になり、何から手をつけたらいいかわかりません。おそらく思いつくだけでも100通り以上はあるのではないでしょうか。

この場合、「○○地域の売上を増やす」、あるいは「インターネット通販の売上を伸ばす」というように対象を絞り込んでいくことにより、対策実行までやり抜くことができます。

大きな問題テーマは、いずれ取り組まないといけないものですが、欲張ってこれらを一気に片づけようとすると、やることが多すぎて挫折することになります。

大きな問題がA〜Dという4つの小さい問題に分けられるなら、重要度や緊急度を勘案して、Aだけに絞ることを考えてみる。このような発想が大切です。


すぐに解決できないような大きな問題は、小さな問題から取り組むのがコツ。少しずつまわりから崩していくと、問題解決がスピードアップします。

大きな問題をブレイクダウンしていくと、どんどん問題が小さくなっていきますが、多くの人はすぐに効果が出そうな中くらいの問題から手をつけようとします。

しかし、そういう問題にかぎって、自分の責任の範囲内でできなかったり、お金や手間がかかったりするので、結局挫折してしまいます。

大問題と中問題と小問題はつながっていて、問題の構成そのものは変わりません。つまり、小さな問題から手をつけても、それを解決していけば、いずれ中問題や大問題の解決につながっていくのです。


たとえば、「営業成績が伸びない」という大問題があるとします。

その原因のひとつとして「顧客データが一元管理されていない」という問題が挙がってきたとしても、この解決には社内の営業システムを変えるなど大がかりな対策が必要なので、この問題に取り組むのは簡単ではありません。つまり、このレベルは、まだ中問題なのです。

そこで、中問題の原因のひとつとして考えられる「ほかの営業担当のお客様の問い合わせに答えられない」という小問題に手をつける。

これなら「営業日報を共有する」など、比較的ハードルの低い対策で対応できます。特に問題解決に慣れていない人は、比較的大きな問題ではなく、まずは小さな身近な問題から手をつけていきましょう。

いちばんやってはならないのは、いずれ解決しなければならないのに、「時間がかかるからやらない」と言って問題を放置することです。

小問題の解決は大問題の解決につながる

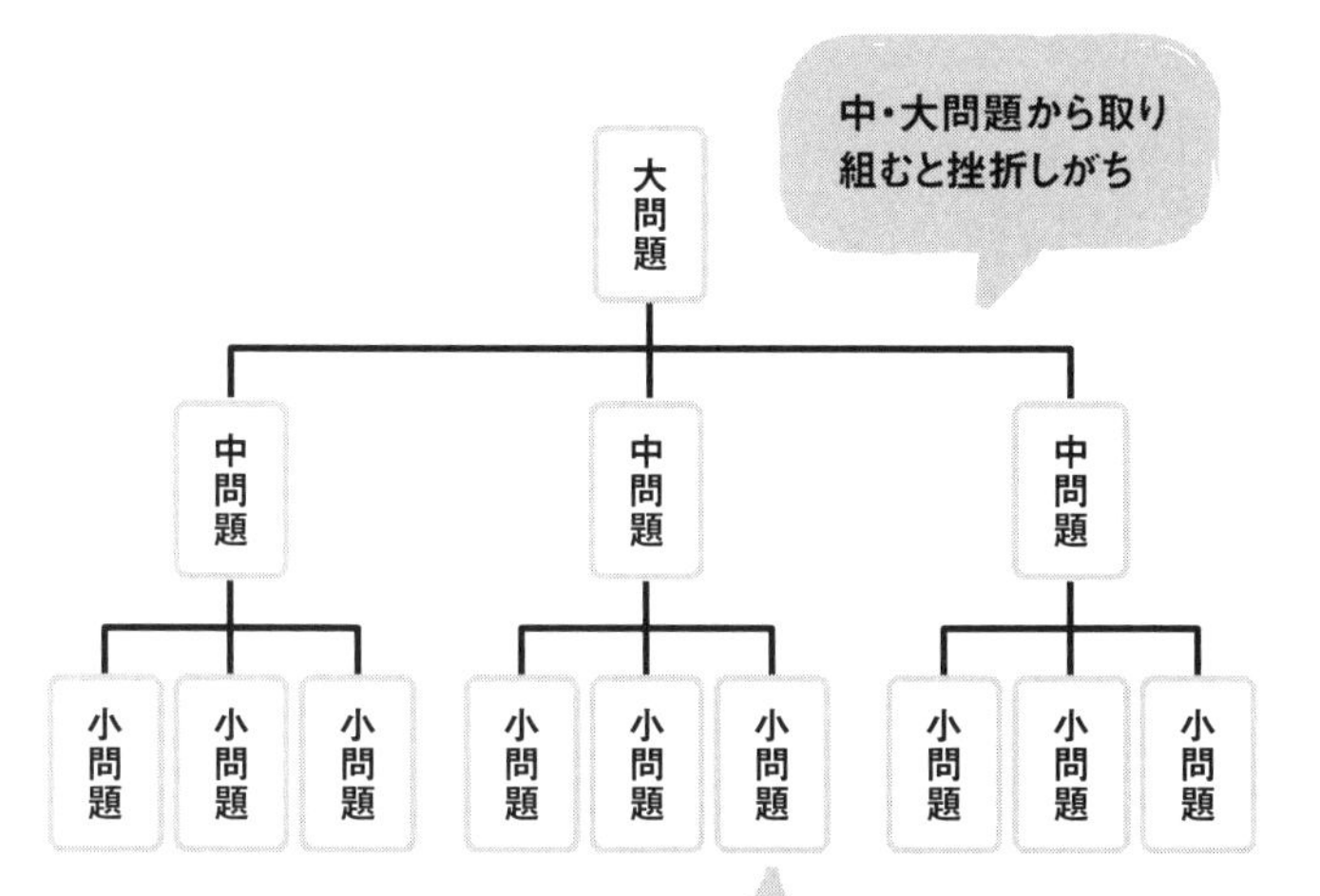

小問題から取り組んでも、いずれ中問題、大問題の解決につながる

例

小問題		中問題		大問題
ほかの営業担当のお客様の問い合わせに答えられない	解決 →	顧客データが一元管理されていない	解決 →	営業成績が伸びない

CHAPTER_4

問題解決力

LECTURE

54 「なぜ」を5回繰り返す

問題解決のプロセスを踏んでいく過程で欠かせないのは、真の要因（＝真因）を突き止めることです。

この真因を取り除くことによって、目標を達成し、問題テーマを解決に導くことができます。

先述したように、トヨタの現場では、「真因を探せ」という言葉が飛び交っています。真因とは、問題を発生させる真の要因のことでしたね。これは、５Ｓや改善で問題やムダの原因をつかむときにも使えるノウハウです。

問題の真因を探っていくと、たくさんの「要因」が挙がってきます。たとえば、「若手の営業担当の50％が1年以内に辞めてしまう」という問題であれば、100個以上は要因が考えられます。

しかし、目の前の要因に安易に飛びついて、それらを解決したとしても、それが真因でなければ、目の前の要因を取り除いただけで、また同じ問題に直面することになります。

大切なことは、問題を発生させた真因を追究し、抜本的な解決を図ることなのです。

トヨタでは真因に迫るために、「なぜ」を繰り返して要因を絞り込んでいきます。トレーナーたちは、「なぜを5回繰り返すのがトヨタの文化だ」と口をそろえます。

2回や3回の「なぜ」で真因が見つかるケースもありますが、問題解決に慣れていない人は、真因に到達していない段階で、「これが真因だ」と決めつけてしまいます。

4回、5回としつこいほど「なぜ」を繰り返すことによって、真因に迫れるようになるのです。

たとえば、「若手の営業担当の50％が1年以内に辞めてしまう」という問題で考えてみましょう。

これを「なぜ」で探っていくと、次のような要因が考えられました。

【問題】若手の営業担当の50％が1年以内に辞めてしまう
←（なぜ❶）なぜ、辞めてしまうのか……営業部内で浮いた存在になってしまうから
←（なぜ❷）なぜ、浮いてしまうのか……売上ノルマを達成できないから
←（なぜ❸）なぜ、達成できないのか……自己流で営業をしているから

問題解決がうまくいかない人は、ここでストップしてしまいます。「自己流で営業をしている」ことが真因だと考え、「上司や先輩がサポートする」といった対策になりがちです。

ところが、上司や先輩にサポートするように頼んでも、若手の営業担当の成績は改善しませんでした。上司や先輩の間にも力量差があったからです。

つまり、「自己流で営業をしている」は真因ではなかったのです。

続けて、4回目、5回目の「なぜ」を続けていたらどうなるでしょうか。

（なぜ❹）なぜ、自己流になるのか……誰も体系的な手法を教えられないから

←

（なぜ❺）なぜ、教えられないのか……営業手順の「標準」がないから

営業手順の標準がないことが、真の要因であれば、「営業手順の標準をつくる」という対策をとれば、誰でも営業手法を新人に教えられるようになります。

当然、どんな問題でも5回目の「なぜ」で真因が見えるわけではありません。2〜3回でわかることもあれば、10回以上繰り返してようやく真因にたどり着く場合もあります。

大切なのは、途中で「真因だ」と早合点せずに、問題が発生する真因を最後まで絞り込んでいくことです。

LECTURE

55 「真因」は自責で解決する

真因を探っていくプロセスで大切なことがあります。

改善と一緒で、自分の責任の範囲で問題解決に結びつけられる真因を探すことです。

たとえば、「売上が上がらない」のは、「世界経済の景気が悪いから」では手の打ちようがありません。

営業部門で真因を考えると「営業担当の活動量が少ないのは、人事考課制度が悪いからだ」などと原因を制度にすり替えるケースが見られます。

また、「お客様の会社の方針が変わったから」「ターゲットとなるお客様が少ないから売れない」などと、「お客様が悪い」という結論にたどり着いてしまうこともあります。

当たり前ですが、改善はお客様に要求するものではありません。

他人や外部要因に責任転嫁するのではなく、自分たちや自部署内で対処できる真因を探すことが大切です。

これを守らないと、「○○のせいだ」という議論で終わり、問題は解決しません。

製造部門などで「購入部品に問題がある」というケースなど、部品を納入している取引先に改善を要求するケースは別ですが、基本的には自分たちの責任で解決できることが基本となります。

しかし、ときには経営層や他部署の協力を得ないと解決できない真因にたどり着くこともあります。この場合も、できるかぎり自分たちができる行動に落とし込めるかがカギになります。

同僚を巻き込んだり、上司に具申することで効果的な対策が打てるなら問題ありませんが、上司や他部署に投げっぱなしになってしまったら、誰も責任をもって行動を起こしません。

真因を探る際には、「自分たちで問題解決が図れるか」という視点を入れる必要があります。

LECTURE

56 問題を「感覚」でとらえない

真因を探っていく過程で、大切なポイントがもうひとつあります。

それは、感覚的な要因に結びつけないことです。

真因を探していくと、真因にたどり着いているのに「なぜ」を繰り返し、感覚的な要因を真因としてしまうケースがよくあります。

たとえば、「特定の従業員しか作業Aができない」という問題があるとします。

これを「なぜ」でつないでいくと、次のようになりました。

❶ほかの従業員は作業Aをしたことがない
←なぜ

❷誰でも作業Aができるようになっていない
←なぜ
❸作業Aをするための手順書がない
←なぜ
❹上長である課長は手順書がなくてもいいと思っている
←なぜ
❺部長が課長に一任している
←なぜ
❻部長の部運営の姿勢が悪い

ここでは、最終的には「部長の部運営の姿勢に問題がある」ということになっていますが、この場合、対策として部長を交代するなどしないと、問題が解決しないことになります。

結論をいえば、❹から先は感覚的な要因になって拡散しています。「課長は手順書がなくてもいいと思っている」というのは推測にすぎません。

「なぜ」は事実ベースでつながなければ、あらぬ方向に拡散していきます。

この例でいえば、真因は「❸手順書がない」ことになります。手順書があれば、誰でも作業Aができるようになるのですから、それ以上、「なぜ」で要因を掘り下げる必要はないのです。


真因を人の「意識」や「意欲」に結びつけてしまうケースも要注意。

たとえば、「○○さんはやる気がない」といった要因に結びつけてしまう場合、これは感覚にすぎません。○○さん本人にはやる気があるかもしれません。

客観的に見て「意識」や「意欲」に原因がありそうな場合は、これらを要因としてもかまいませんが、この場合、その先も「なぜ」を続けられることがほとんどです。

「やる気がないのはなぜか」を考えて、その原因を探っていくと、「作業のやり方をきちんと教えていない」「評価制度があいまいである」といった真因にたどり着くことはよくあります。

LECTURE

57 問題の対策案が生まれる10の視点

真因が特定できたら、真因を取り除くための対策案を考えていきます。真因ごとにできるだけたくさんの対策案を洗い出しましょう。

このとき、経験的に「この真因にはこれが有効だろう」という対策案がすぐに思いつく場合はよいのですが、真因の性格によっては、どんな対策をとればいいか見当がつかない場合があります。

そんなときは、次ページに挙げるような視点から発想すると、すばらしいアイデアがひらめくことがあります。なお、これらは問題解決にかぎらず、改善の対策案を考えるときにも役立ちます。

❶転用

ほかに使い道はないか。ほかのラインや部署に持って行ったら使えないかと発想する。たとえば、ある営業部で成功したノウハウを違う営業部のノウハウとして使う。

❷借用

似たものの着想を借用できないか。応用できそうなビジネスモデルや過去の同じような課題を解決した例から発想する。

専門家や業界にくわしい人、自分とは異なる専門分野の知識・経験をもつ人の話を聞くことも大切。

❸変更

一部を変えてみたらどうか。たとえば、色や音、形、温度、設備や人の動き、役割、ネーミングなどを変えてみる。

❹拡大

大きくしたり、長くしてみたらどうか。作業スペースや治具(じぐ)を大きくしたり、ベルトコンベアを長くしたりする。時間を長くしたり、頻度を増やしたりするのも拡大の手法のひとつ。

❺縮小

小さくしたり、短くしてみたらどうか。作業スペースや箱を小さくしてみたらどうなるか。歩行距離や時間を短くしたり、頻度を少なくしたりする。オフィスであれば会議や書類をなくすのもアイデアのひとつ。

❻代用

一部や全部をほかの人やものなどで代用するとどうなるか。たとえば、ほかの製品や部品で代用したり、内製から外部委託に替えるイメージ。

❼入れ替え

レイアウトや人の配置を変えたらどうか。違う作業に入れ替えたらどうなるか。工程や作業の順番を入れ替えることで解決することもある。

❽逆用

ものを上下左右、反対にしてみたらどうか。作業者と監督者の役割を逆にしたらどうか。工程や作業を逆にしてみる。

❾結合

組み合わせてみたらどうか。携帯電話とカメラなどは結合の代表例。組織や人を組み合わせたり、複数の人のアイデアを組み合わせたりする。会議や役割をひとつにするのも考え方のひとつ。

❿削除

その作業などをやめてしまったらどうか。仕事のプロセスや人の数を減らす。

LECTURE

58 対策はすぐに実行する

「売上が落ちている」という問題テーマの対策案が、「中部地方の会社に営業をかけること」に決まったとします。

このとき、「中部地方はライバル会社が多いから簡単に売れないだろう」と、自分の頭の中で行動を制限してしまう人がいます。そして、自分が売りやすい相手に営業をかけてしまうのです。

しかし、対策案を実行に移さなければ、失敗はしないかもしれませんが、成果も出ません。成果は、成功の成果だけではありません。失敗という結果を得ることも成果です。

失敗は、問題がある証拠。対策案をすぐに実行に移すことは、問題解決の「種まき」

をしているようなものなのです。

その問題をさらに解決すれば、「中部地方の会社に営業をかけること」という対策案が活きることもあります。

なんらかの結果が出るまでやり抜くことが大切です。

トレーナーの大鹿辰己は、「百聞は一見にしかず」ということわざには続きがあると言います。

百聞は一見にしかず、百見は一考にしかず、百考は一行にしかず。百行は一果にしかず――。これは「最終的に成果を残さなければ意味がない」ということをあらわしていますが、問題解決も同じ。

まずは成果を出すことだけを考えて、行動することが大切です。

成果を発表する場をつくる

設定型問題解決は、直接的な問題が顕在化していない段階で取り組むことが多いので、どうしても日常業務に追われて、対策の実行があとまわしになってしまうことがあります。

トレーナーの近江卓雄は、「対策の成果を発表する機会をもうけることが有効だ」と言います。

トヨタにはQCサークルや創意くふう制度、階層別研修といった場で問題解決をし、その成果を発表する機会があります。このようなしくみや制度があるから、必然的に対策の実行を怠ることはできません。

会社の経営に大きな影響を与えるような問題テーマに取り組む場合は、経営陣も参加する報告会や発表会をしくみとして取り入れることを検討してもよいでしょう。トップや管理職の参画がないと、問題解決の文化は定着していきません。

もし会社にそのような発表の場がなければ、上司に「この問題に取り組む」と宣言し、自らコミット（約束）するのも、ひとつの方法です。

やらないといけない理由をつくる。それによって、対策が放置されるといった事態を防ぐことができます。

CHAPTER

5

上司力

一人でも部下をもったら発揮したいトヨタの「上司力」

「人は困らなければ知恵は出ない。」

——トヨタ自動車工業元副社長・大野耐一

CHAPTER_5

上司力

LECTURE

59 自分の「分身」をつくる

トヨタでは、優秀な部下を育てる人が評価されます。

トヨタの元会長である豊田英二は、こんな言葉を残しています。

「人間がものをつくるのだから、人をつくらねば仕事も始まらない」

どんなにすぐれた設備があり、効率的に生産するしくみをつくっても、それを活用する社員がいなければ、宝の持ち腐れになってしまうというわけです。

だからこそ、トヨタでは真のリーダーは、いわゆる「仕事のできる人」ではありません。

トヨタで真のリーダーとして評価されるのは、部下を伸ばすことができる人です。

「トヨタでは仕事の成果も求められますが、同時に『自分の〝分身〟を何人育てられたか』も評価のモノサシになっていました」

こう語るのは、トヨタ時代に課長を務めた経験のある中島輝雄です。

上司がその組織から去ってもうまくいくような〝分身〟を育てられれば、次のリーダーに「人を育てる」という風土が受け継がれていきます。

トヨタの場合は、自分の〝分身〟を育ててから、上位の職制（部下をもつ立場のリーダーを「職制」と呼ぶ）に上がっていくので、リーダーが一人抜けても組織が停滞することはありません。

ところが、多くの職場では、こうした〝分身〟を育てることが十分にできていません。自分の実績を上げるのに精いっぱいで、人を育てる余裕がないのです。

トレーナーの鵜飼憲が指導に入った会社には、「抵抗勢力」ともいえる定年を控えたベテラン部長がいて、現場の改善に消極的でした。しかも、見た目がいかつく、物言いも厳しいので、部下からは恐れられる存在でした。

だから、部下たちは「改善提案をしてもきっと部長にはねられる」としり込みする始末……。

しかし、それでは改善が進まないと判断した鵜飼は、改善提案をしてくれた若手社員と一緒に直談判。次のように訴えました。

「あなたは自分の後継者と言える部下をどれくらい育ててきましたか。あなたが定年を迎えたあと、部下たちが会社を支えていくことになります。あなたが改善提案を突っぱねることは、部下の成長の芽をつむことになってしまいます。

そのことは十分ご理解いただいていると思いますが、それでも改善提案をお聞きいただけないなら、私と○○さんで担当者に直接相談してきます」

「指示を出す」ではなく「育てる」のが仕事

ベテラン部長は、その場で部下の改善提案に協力することを約束してくれました。ひとまずトレーナーたちは安心したのですが、後日、ちょっとした「事件」が起きました。

改善の成果を発表する報告会で、その部長が部下たちの代わりに自ら発表用の資料を持って、プレゼンをサポートしてくれたのです。これには、部長をよく知る経営陣も部下も「まさか、あの部長が協力してくれるとは……」とびっくり。

実のところ、それまで長年、部下に怖がられ避けられてきた部長は、うまくコミュニケーションができずにいただけでした。自分がサポートした改善の成果が出て、部下が率先して動いてくれたことが本当はうれしかったのです。

すぐれたリーダーは、なんでも自分でやってしまったり、「あれをやれ」「これをやれ」と部下に一方的に指示をしてしまいがちです。

しかし、あなたの代わりの次世代リーダーが育たなければ、あなたはいつまでも現在のポジションのままで、会社としては人の新陳代謝が進まず停滞してしまいます。

自分の分身をつくるのがリーダーの役割のひとつです。一人でも部下をもったら、自分の分身をつくるつもりで部下を育てましょう。

LECTURE

60 「人望」を集める仕事をする

あなたの仕事ぶりは何を基準に評価されるでしょうか。

目に見える数字やノルマ達成などの「成果」かもしれません。特にリーダーになるほど成果が求められるでしょう。

トヨタでも成果を上げることは基本任務ではありますが、それだけで評価されるわけではありません。

成果を上げながら、部下の育成をすることが求められるのです。

トヨタで求められる上司のあり方は、その評価方法に明確にあらわれています。

トヨタの管理職の人事考課要素には、「人望」を評価する項目があります。

そのほかに、「課題設定力(20%)」「課題遂行力(30%)」「組織マネジメント力

（20％）」「人材活用力（20％）」といった項目があり、「人望」には10％の比率が割り振られています。

トヨタでは職制が上になればなるほど、メンバーの人望をいかに集めているかが問われるのです。

比率は10％とはいえ、ほかの企業ではあまり見受けられないトヨタ独自の評価項目といえるでしょう。


では、トヨタにおける「人望」とは、何を指すのでしょうか。

管理職向けの職能考課表には、「人望」の欄に「メンバーの信頼感・活力」という記載がありますが、トレーナーの山田伸一は、こう表現しています。


「ひと言で言えば、部下から信頼されているかどうかではないでしょうか。あの人のような仕事をしたい。あの人のように信頼される人になりたい。そう素直に思わせる人が、人望が厚い人として評価されていましたし、自分もそうなりたいと思って、私も先輩の背中を追っていました」

結局、行き着くところは、「この人についていきたい」と部下に思わせるかどうかではないでしょうか。

トヨタでは、日々改善や問題解決を行ない、進化していきます。そのため、常にこれまで誰も到達したことのない「あるべき姿」を目指すことになります。

リーダーは、誰も経験したことのない「あるべき姿」に向かって、チームを引っ張っていかなければなりません。

そんなとき、リーダーの求心力は、やはり「人望」に行き着きます。

「本当にあるべき姿に到達できるかわからないけれど、あの上司（先輩）が言っているなら間違いない」

そう部下に思わせるようなリーダーでなければ、部下を巻き込んで、チームをあるべき姿に向かって引っ張ることはできません。いざ困難な課題に取り組もうとしたとき、「あの上司にはもうついていけない」と言われ、見捨てられてしまいます。

とことん部下の面倒を見て、仕事の面白味を伝え、常に自分が率先垂範し、背中を見せる。こうすることで、初めて部下はついてくるのです。

LECTURE

61 「ものの見方」を伝える

トヨタでは、「これがいいこと」「これが大切」といったものの見方を、現場の仕事のプロセスの中で教えていきます。

「プロセス」の先にある「結果」も大事ですが、結果だけを見て、部下を責めることはありません。

あくまでも結果に至るまでのプロセスを重視します。

だから、結果が出ていなくても、プロセスが間違っていなければ、「このやり方はよかった」と評価するのです。

トレーナーの村上富造も、「結果が間違っていても、プロセスが正しければ頭ごな

しに叱るようなことはしない」と証言します。

組立ラインで働く部下が、ある部品を「標準」で決められた所定の位置に置いていなかったことがあったそうです。

「なんで決まった場所に置かないんだ！」と叱りつけたら、部下は渋々したがうかもしれませんが、納得していない可能性もあります。

「標準」のとおりに行動しないのには、理由があるはず。そう考えた村上は、部下に理由を尋ねました。


「どうしてここに、この部品を置くんだ？」

「先輩は、『標準』を教えてくれたのですが、それよりも手前に部品を置けば手で持ち替えなくて済むからです。このやり方のほうが効率的に作業ができると思います」

「すごい。よく気づいたな。たしかに、こっちのやり方のほうがいい面もある」

部下なりに効率的になると考えて、置き場所を決めていたプロセス自体は褒める。そのうえで、「標準」どおりの場所に部品を置く意味を教えてあげました。

「なぜ先輩は、『標準』の場所に置くように言ったのだろう。キミは生産性だけを考えているよな。でも、品質の面から考えれば、キミの場所に置くと、部品を取り付けるのを忘れてしまう可能性があるだろう。だから、この場所に置くことが『標準』になっているんだよ。でも、キミの考え方は悪くないから、生産性も品質も両立するような方法ができないか考えてほしい」

プロセスを肯定されたその部下は、改善意識が高まり、「ほかによりよい方法はないか」と自分の頭で考えるようになりました。

「これが大切」という価値観を教える

上司は、部下の結果だけを見て、どうしても「なぜできないんだ！」と叱ったり、自分で仕事を片づけてしまいがちです。

一時的にはその場をしのぐことはでき、上司は成果を得るかもしれません。しかし、これでは部下は育ちません。

「これが正しい」「これが大切」ということを現場できっちりと教えることが、部下の成長につながります。

「人材育成とは、価値観の伝承にあり、ものの見方を伝えること」というのは、トヨタの名誉会長・張富士夫の言葉です。

ものの見方を伝えなければ、部下は判断や行動の拠り(よ)どころを見出すことができませんし、個人の能力や裁量に依存した組織になってしまいます。

「こういうケースは、こんな考え方や行動をする」

このような価値観が部下の間で浸透して初めて、よいアイデアが出てきて、問題にも正しく対処できるようになります。

LECTURE
62 最初から「答え」を教えない

最近の若者には、指示待ち人間が増えているといわれます。つまり、上司から言われたことしかせず、それ以上、仕事の付加価値を高めることをしない。

指示待ちの部下になってしまうのは、上司にも責任の一端があります。

「ああしなさい」「こうしなさい」とすぐに答えを与えていないでしょうか。

やらされ仕事になっていると、当事者意識が希薄になってしまうので、改善が行なわれないどころか、ミスも発生しやすくなります。

「自分がなんとかしなければならない」という責任感がないために、仕事もやっつけになってしまうのです。

トヨタの上司は、すぐに答えを与えるようなことはしません。部下に考えさせる機会を与えます。

トレーナーの原田敏男は、当事者意識をもたせるには「こうしたほうがいい」と最初から答えを与えずに、相手に答えを考えさせるようなコミュニケーションが必要になると言います。

部下が「ここの部分がうまくいかないんです」と相談してきたら、「どうしたらうまくいくと思う?」とまずは質問をする。

そこで、適切な答えが返ってくれば、「じゃあ、やってみよう」と任せてもいいですし、もしなかなか答えにたどり着きそうもなければ、「こういう考え方はできないかな」「こんな方法もあるよね」とヒントを出してあげる。

一方的に「こうしなさい」と指示されたことは、当事者意識をもちにくく、うまくいかなかったら「○○さんに言われたから」という言い訳を与えることになってしまいます。

しかし、自分で考え出したアイデアや方法であれば、当事者意識が芽生えてくるでしょう。

すぐに答えを与えずに、自分で考えさせて、答えを出させることによって、責任感のある仕事ができるのです。

現場の改善をしようと思ったら、「こうしなさい」と言って、上から押しつけないことです。頭ごなしに言うと、相手が抵抗勢力になってしまいます。

あくまで現場で仕事をする人に改善する方法を考えて、見つけてもらう。

たとえば、「オフィスの整理・整頓をしなさい」と一方的に指示するのではなく、「オフィス環境で困っていることはないか」と質問し、自分たちで考えるように仕向ける。

「ものが多くてファイルの収納場所が足りない」といった問題意識が出てきたら、「じゃあ、どうしたらいいの?」と知恵を出してもらう。

自分たちで問題意識を共有し、改善策を考えれば、積極的に改善に取り組むようになります。

「自分で決めたこと」を守らせる

トレーナーの加藤由昭もまた、部下から相談されたときは、すぐに答えを与えずに、

「目的」をはっきりさせることが重要だと言います。

「これをやりたいのですが、どうですか」と相談されたら「どうしてやりたいんだ？」と逆に問いかけます。

その行動をする目的をはっきりさせるのです。

たとえば「営業成績を前年対比8％増とする」という目的が定まっていれば、あとはそれに向けて何をするか、どこまでやるかが見えてきます。「こんなやり方もある、あんなやり方もある」と手段もわかってきます。

人の脳は、「問い」を入力されると、自動的に「答え」を出力しようとします。逆に、「正しい答え」を教えてしまったら、相手はそれ以上考えなくなる傾向があります。

自分で出した答えは、他人が説得して押しつけた答えよりも、納得した状態で行動に移すことができます。「仕事をやらされている」という意識ではなく、「自分で知恵を出し、自分でつくり出す」という意識に変えると、一気に仕事は楽しくなります。

「決められたことを守る」のではなく、「自分で決めたことを守る」ようにすると、人はついてくるのです。

「教えない」という教え方もあるのです。

CHAPTER_5

上司力

LECTURE

63 部下を困らせる

トヨタには、「上司が部下を困らせる」という文化があります。

トヨタの元副社長・大野耐一は、「能力・脳力・悩力」という言葉を使って「悩むことが大事だ」と説いています。

とことん困れば、何か知恵が出てくる。困り方が少ないと、これまでの知識や経験（悪知恵）といったものが邪魔をして、思考が停止してしまいます。

物事を能率的に行なうための「能力」や、物事を考えるための「脳力」も大事だが、それらの力を発揮するためには、「悩む力（悩力）」が大事だと考えていたのです。

トヨタでは、「どうやって部下を悩ますか」を考えるのが上司の役割です。

トレーナーの村上富造は、組長や工長など中堅どころの人材には、あえて難度の高い課題を与えていたと言います。

たとえば、「コストを現在の50％にしなさい」という課題。トヨタでは日々改善してコスト削減を図っていますから、コストを半分にするのは乾いたぞうきんを絞るようなものです。

案の定、部下は「そんなのムリです」と言ってきますが、それでも部下に考えさせます。

ムリな課題だから、これまでと違う発想で知恵を絞る

高いレベルの改善は、これまでの延長線上では、まず実現することはできません。高い視点から角度を変えて物事をとらえることも必要になります。

「コストを現在の50％にしなさい」という課題であれば、生産ラインを鳥の目で眺めて、前工程や後工程などを巻き込む必要性が出てきます。

そういった状況に置かれたとき、人は初めてこれまでとは違う発想で、知恵を振り

絞ろうと考えるのです。

高い視点からあれこれ考え、試しているうちに、部下は後工程にヒントがあることに気づいたとします。そして後工程を見に行って、そこの人間と話を始めるようになります。

そうこうしていると「30％まではコスト削減できそうだ」となってきます。

ここまで来たら、初めて上司の出番です。

「どうだ？　いけそうか？」と声をかけると、「30％はなんとかなりそうですが、50％はむずかしいです」といった声が返ってきます。

そこで30％削減できたことを褒めたうえで、初めてアドバイスをしてあげる。そうすると、部下はモチベーションを維持したまま50％を目指して、突っ走っていきます。

能力の高い部下には、最初から「こうしなさい」と答えを与えずに、大いに悩ますことが大切です。

悩んだ末に問題を解決できれば、それが大きな自信となり、部下はハイスピードで成長していきます。

CHAPTER_5

上司力

LECTURE

64 リーダーは「やらせる勇気」をもつ

あるトレーナーは、トヨタでの経験から「リーダーはやらせる勇気、メンバーはやる勇気」が必要だと話しています。

あるとき、トヨタのすべての工場に対し、「だんトツ工程を目指せ」という指示が出ました。「だんトツ」とは「断然トップ」のこと。それぞれの工程間で生産性を競い合うことになったのです。

そして、トレーナーは上司から「こういうときはいい機会だ。機械を壊してもいいから、思いきってやってみろ」と言われました。

人間は、何かをやれと言われても、なかなか行動に移せないものです。特に当時、担当していたのは老朽化した設備。だんトツ工程を目指してムリに動かしたら、設備が壊れてしまうのではないかと恐れました。

しかし、上司は「失敗してもいいから、思いきってやってみろ」と言ってくれたのです。トレーナーは上司の言葉どおり、担当していた設備をがんがん動かしました。

最初のうち、トレーナーの設備の生産性は「だんトツ」でした。

「あの機械のスピードをあそこまで上げたら壊れてしまう」と周囲の人は心配しましたが、しばらくは走り続けた。しかし、1カ月後になって、その心配が現実のものとなってしまいます。

設備は故障して止まってしまい、生産はストップ。「欠品が出てしまう」と大騒ぎになりました。

だが、「思いきってやってみろ」と言ってくれた上司は、トレーナーを責めることはありませんでした。

それは、大騒ぎとなった現場にやって来た当時のトヨタの専務も同じでした。

「どうしたんだ」

「設備を壊してしまいました」
「誰かに叱られたか」
「いえ、叱られていません」
「そうか、安心した」

このとき、トレーナーは胸の底が熱くなるのを感じたと言います。「失敗を恐れずにやれ」という強いメッセージを受け取ったのです。

失敗の責任を負いながら、逃げ道をつくる

リーダーは部下に思いきってやらせてみる。ときには失敗するかもしれませんが、その分、学びは大きく、それらが蓄積されていくと現場はどんどん強くなっていきます。

新しいチャレンジには、必ず失敗がともないます。現場を知っている人間ほど、そのことをよく知っています。よく知っているからこそ、前に進めなくなってしまうこ

ともあるのです。

だからこそ、リーダーはやらせる勇気をもたなければなりません。

「失敗するかもしれない」とメンバーが不安に思っているときに、「自分が責任をもつからやってみろ」と言ってあげる。そんな上司の勇気を見せられたら、部下は思いきってチャレンジできるはずです。


ただし、このときに注意したいことがひとつ。

リーダーはいざというときのために、保険をかけておくことです。

メンバーにチャレンジさせてみて、それが失敗したときにすぐフォローできるようにする。たとえば、設備が壊れたとしても、ほかの方法でやれるようにしておくなど、逃げ道をつくっておくのです。

リーダーは失敗したときのことも考えておきながら、やらせる勇気をもつ。これがとても大事なのです。

LECTURE

65 「知識」でなく、「知恵」を与える

トヨタには、「やってみせ、やらせてみる」という仕事の教え方があります。

トヨタでは、座学だけで終わるということはありません。座学だけでは、数日たてば忘れてしまうからです。

だから、教えたことはできるだけその場で実践してもらうのが鉄則。

やってみせ、やらせてみるのです。

トレーナーの岡村靖は、「実践がともなわない座学は意味がない」と言います。

岡村が顧客先を指導するときも、座学の直後に実践してもらうようにしています。

当日がムリなら、翌日などにできるだけ早くやってもらう。

スルメも見ているだけではおいしくないが、かめばかむほどおいしくなります。それと同じで、座学だけではわからないことも、実際にやってみると見えてくることがあり、それが「知恵」となるのです。

ある程度の「知識」は、インターネットで入手できる時代です。また、学校や研修に参加すれば知識は得られます。知識の多くはお金で買えるのです。

しかし、実践から得られる「知恵」は、お金では買えません。現場でやってみて、訓練を受けて初めて得られます。

あまりよいたとえではありませんが、「80度のお湯に手を突っ込むと火傷する」ということを子どもにいくら言い聞かせても、完全には理解しません。

80度の湯に手をつけて、初めて「熱湯に手を入れてはいけない」という知恵を肌感覚で身につけることができるのです。

「聞く→見る→体験する」ところまでやらないと、せっかく座学で教えたこともムダになってしまうのです。

LECTURE

66 やってみせ、やらせてみて、フォローする

「やってみせ、やらせてみる」

ここまでは多くの会社でやっているかもしれません。しかし、トヨタでは、そのあとの「フォローする」を徹底してやっています。

たとえば、あなたが部下に作業手順を教えたとします。しばらくやらせてみて、うまくいったとしましょう。それを見て、「私は教えた。上司としての仕事はやったよ」で終わらせてはいけません。

部下が本当にあなたの教えたことができるようになったかを、いつも見ていないといけない。教えたことをマスターしたな、体で覚えたな、というところまでフォローしていくのです。

「トヨタには、しつこいくらいフォローする上司がいる」と証言するのはトレーナーの近藤刀一。

トヨタには、日々の生産性や不良率を表示した管理ボードがあるのですが、ある課長は毎日このボードをチェックし、思ったことや気づいたことをコメントとしてボードに残していきます。

たとえば、「不良率が上がっているので、バルブの締め方を改善した」という部下の報告があったら、「油のチェックもしたか?」といった具合に、別の見方や視点を提供したりするのです。コメントがない場合でも、見た証拠として印鑑だけを押していきます。

一般に、書類に上司の印鑑を押す欄があっても、実際には印鑑を押してあるだけで、右から左へ書類が流れていくことも少なくありません。

しかし、この課長のようにトヨタには、部下の仕事を常に見てくれている上司がいます。

そうしたリーダーが、チームワークを生み、現場の士気を高めるのです。

「教えた」だけでは不十分

一方、トレーナーの堤喜代志はフォローできずに、上司に叱られた経験があると言います。

堤が、管理監督者になったばかりの頃のこと。

あるとき、後工程から品質についてのクレームが来ました。堤は、クレームで指摘された部分を直すよう、担当の作業者に指示した。担当の作業者は「はい、わかりました」と言ったので、堤は、これで終わりにしてしまいました。

ところが後日、会議が開かれ、堤の担当部署で発生した品質問題のことが話題に上りました。

上司に「例の件はどうなっている?」と尋ねられた堤は、「はい、こういう指導をしました。たぶん、現場でやっているでしょう」と答えました。

しかし、上司は納得しませんでした。

「『たぶん』じゃない。今から現場へ行こう」

現場に直行して見てみると、担当の作業者は、堤が指示したことを守っていなかったのです。そのとき、「やってないじゃないか！」と怒られたのは、管理監督者の堤でした。

トヨタのリーダーたちは、こういうことを何回か経験するうちに、「やってみせ、やらせてみて、フォローする」を体で覚えていくのです。

あなたは部下に「教えた」ことで満足していないでしょうか。

できていることを確認し、フォローするまでは、本当の意味で「仕事を教えた」と胸を張ることはできないのです。

LECTURE

67 「説得」ではなく、「納得」させる

トレーナーの高木新治は、リーダーの仕事を「部下に気持ちよく仕事をさせること」だと言います。

トヨタ時代、班長に昇格したときに、当時の工長から言われた言葉が今でも心に残っていると言います。

「高木、班長にとって大事なことをわかっているか。部下は一生懸命に仕事をしようと思っている。だから、その思いを受け止めて気持ちよく仕事をさせるのがおまえの仕事だ」

組織で仕事をしていれば、日々トラブルが起きます。従業員の不満も渦巻きます。

そんなとき、どう火消しをしてあげられるか、そして、どう未然にトラブルを防ぐことができるか。

リーダーの采配によって、部下は気持ちよく働けるかどうかが決まるのです。

しかし、現実には、権力や権威をかさに着て一方的に指示を出すことが仕事だと思っているリーダーが少なくありません。それでは、部下はやらされ感を覚えます。上司の言うとおりに動くので短期的にはメリットが大きいように感じますが、部下の自主性を重んじないと結局は元に戻ってしまいます。

特に仕事ができる人は、結果にこだわるがゆえに、相手を説得しがちです。

トレーナーの岡村靖は、「立場や権力だけでは人は育たない、理解・納得して初めて気持ちよく仕事をしてもらえる」と言います。

指導先の顧客企業に行って現場を見れば、作業員の動きにムダがあることに気づきます。

たとえば、部品の置き場が遠いために、ムダな動きと時間が生じているのです。しかし、単に「やり方を変えたほうがいい」と言っても、現場の作業員は、毎日やっている動きがベストだと思い込んでいます。

だから、部品を近くに持ってきて改善しても、長年同じやり方でやってきた作業員にとっては、「やはりこれまでのほうがやりやすい」となってしまいます。半ば強引に改善させることもできますが、数日後には、元の状態に戻ってしまうのは目に見えています。

だから「相手が納得する」まで言う。

「なぜこんなことをしないといけないのか」と疑問を呈する作業員がいたら、「やり方を変えたほうが自分の作業も楽になり、生産性も上がるのだ」「お客様によい商品を届けるために必要な作業なのだ」と根気よく説明し、納得してもらう。

こうした地道な理解・納得させる努力によって、工場のラインはスムーズに動き、高品質のものを生み出せるようになるのです。そして、作業員は「気持ちよさ」を感じながらイキイキと仕事をしてくれるようになります。

「部下やチームが自分の思うように動いてくれない」といった不満をもっているなら、あなたが理解・納得させる努力が足りないのかもしれません。何度も根気強く伝えることが大切です。

LECTURE

68 リーダーが「見る」から部下は育つ

トレーナーの高木新治が、溶接を担当する部署の組長を務めていたとき、一人の新入社員が配属されてきました。金髪という派手な外見や一匹狼的な雰囲気で周囲から浮いており、まわりの人は「3カ月で辞めてしまうだろう」と半ばあきらめムードでした。

しかし、自分の部署に配属された新入社員を簡単に辞めさせたくないと思った高木は、毎朝5~10分、その新入社員と1対1でミーティングをするようにしました。

ミーティングといっても、「昨日の仕事はどうだった?」「今日は、どんな仕事をする予定なの?」といった他愛のない会話をする程度でした。しかし、話してみると、派手なのは見た目だけで、本当は物静かでコツコツと真面目に仕事をこなすタイプだとわかったのです。

その後、新入社員の彼は、３カ月で辞めるどころか、技術を磨き、溶接の競技大会で全国２位になるほど腕を上げたのです。高木はこの経験を踏まえてこう証言します。

「彼にかぎらず若い子は大きな伸びしろをもっています。上司がいつも見ているというメッセージを送り続ければ、その思いに応えようと大きく伸びてくれるものです」

20年ぶりに工場を視察した経営者のひと言

リーダーが部下のことを気にかけているかどうかで、改善の定着の度合いも変わってきます。トレーナーの近藤刀一が指導に入った会社の経営者は、なんと20年間、工場の現場に入ったことがありませんでした。

「現場の仕事は単純作業なので誰でもできる」と考えていたその経営者は、現場を軽視し、採用した優秀な人材は営業や設計などの部署にまわしていたのです。

そんな経営者が、近藤が現場を指導するにあたり、20年ぶりに工場を視察することになりました。しかし、経営者は、ブランドもののスーツと高級靴という場違いな格好で登場したのです。

経営者にあわてて防塵服（ぼうじんふく）と長靴、ヘルメットを用意し、これまでのさまざまな改善の取り組みを現場で見てもらうと、経営者は非常に興味をもって現場を見るようになりました。そして、ある場所で足を止めました。

ピカピカに磨かれたトイレです。課長以下、現場の社員が毎日掃除をしていることを聞いた経営者は「現場だけではなく、トイレにまでみなさんの思いが入っている。こんなにすばらしい人材が会社を支えてくれていたんですね」と感心し、毎月工場を訪問することを約束したのです。

翌月、工場を再訪した経営者は、自分で防塵服と長靴、ヘルメットを持参し、積極的に現場を見てまわるようになりました。そして、近藤たちに「これからは、優秀な人材を工場の現場にも配属する」と約束しました。現場の従業員たちが喜んだのはいうまでもありません。

これまで社内でもあまり注目されなかった現場は、経営者の毎月の訪問によって、士気が高まり、モチベーションも高まりました。

リーダーが注目し、評価しないと改善は定着しないのです。

CHAPTER_5

上司力

LECTURE

69 仕事の「全体像」を見せる

トレーナーの鵜飼憲は、「仕事の全体像を見せることが、部下の責任感やモチベーションにつながる」と言います。

鵜飼は、医療器具をつくるメーカーに改善の指導に入ったことがあります。

パートさんたちが黙々と小さな部品をつくっている工場でしたが、驚いたことに、そのパートさんたちは自分たちのつくった部品がどのような製品になっているか見たことがないとのこと。ただ目の前の作業をこなすだけで、完成品をイメージせずに仕事をしていたのです。

そこで、工場の経営層にお願いして、彼女たちがつくっている部品の完成品を取り寄せてもらい、実際に見てもらいました。

すると、「私たちの部品は、こんなふうに使われていたんですね。人の体の中に入るものだから、責任重大ですね」といった感想が聞かれました。

それ以後、作業に対する責任感が芽生え、パートさんたちは自分たちの仕事に対して誇りをもつようになったのはいうまでもありません。

医療器具は、何かのミスで赤い汚れが付着したら大問題です。医療現場で血と見間違う恐れがあるからです。だから、「赤い点がついている部品は必ず見つけ出すように」と指示されるのですが、仕事の全体像が見えているかどうかで、その言葉の意味は大きく変わっています。

目の前の小さな部品だけを見ている人は、単なる「赤い点」としか認識しませんが、人の体の中に入る医療器具の全体像が見えている人は、「赤い点＝血」と認識しているので、より正確に、真剣に部品をチェックするようになります。

完成形を意識するかどうかで、作業者の仕事に対する意識は変わってくるのです。

仕事に対する意欲を高めるという意味では、鵜飼は「自分たちがつくっている製品・サービスを好きになってもらうことも大切だ」と言います。

「トヨタに入社してきたからといって、必ずしも車好きとはかぎりません。もちろん、車が好きでなくても仕事はできますが、好きになってくれたほうが、仕事が楽しくなります。だから、そういう新入社員には、車でダート（舗装されていない砂利道）を走らせたり、急ハンドルを切って車の安定性を体感させたりすることで、公共の道を走る以外の車の奥深さを知ってもらう。そうすることで、車に対する興味がわいてくる社員が多くいました」

あなたがリーダーとして部下を動かしたいなら、仕事の全体像をイメージさせることが効果的です。

たとえば、完成品のプロセスの一部を担う仕事であれば、完成品の現物そのものを見せてあげる。また、自社の手がけた製品がお客様の現場でどのように使われているか、見学させるのもいいでしょう。

どう喜ばれているか、どんな不満をもっているかを知ることによって、仕事に対する責任感やモチベーションが変わってくるはずです。

LECTURE

70 ナンバーワンを外に出す

あなたが頼りにしている部下を人事異動や転勤で外に出さないといけなくなったらどう思うでしょうか。

「勘弁してくれ」というのが本音のはずです。

トレーナーの加藤由昭は、「トヨタには、人事異動や転勤で人を外に出さなければいけないとき、その部署のナンバーワンを出しているリーダーがいた」と証言します。

リーダーは、優秀な部下を近くに置いておきたいと思うものです。

そのほうが自分の仕事も楽になるし、成果も上がるのですから当然です。だから、ナンバー3あたりを出したくなります。

しかし、ナンバーワンを出すことのメリットをトヨタのリーダーは理解しています。

ナンバーワンを出すとナンバー2が伸びるのです。

ナンバーワンがいるときは、ナンバー2以下が頭角をあらわすチャンスがなかっただけ。普段からナンバーワンの従業員の仕事ぶりを日頃から見ているので、いざナンバーワンが抜けても、ナンバーワンに負けない実力を発揮するものです。


ナンバーワンを外に出すことは、ナンバーワンの人自身を育てることにもなります。

組織内で期待されているナンバーワンは、黙っていても実績を出す。そうすると、ますます自信を深める。それはいいことですが、悪いほうに転ぶと〝天狗(てんぐ)〟になってしまう可能性もあります。

一番手の人材を特別扱いすることの弊害もあるのです。


優秀な人から動かすことは人を育てるうえでは大切なことです。

ただし、外に出した優秀な人材が帰ってきたら、さらなる上のポジションを用意して、厚遇してあげる。

そうすることで、ナンバーワンの従業員を目標とする人材が次々と育ってきます。

LECTURE

71 リーダーは外からメンバーを見る

トレーナーの加藤由昭は、ある上司に言われたことを今でも覚えています。

「組織というのは、中心に工長や組長がいるイメージだろう。しかし、真ん中にいたら、360度見ないと面倒を見きれない。リーダーは、外にいてメンバー全体を見なければいけない。重要なのはチームメンバーを外から見渡すことだ」

この言葉を聞いて以来、外からメンバーを見ることを心がけてきた加藤は、リーダーは現場の知識や技能について知っているだけでは不十分、「リーダーは部下の気持ちまで知らなければならない」と考えるようになったと言います。

「現場をよく知っている」というのは、仕事の中身、やり方、品質を確保できているというだけではありません。

多くの上司はそこで満足してしまいますが、人の気持ちまでわかって、初めて現場をよく知っていることになる、というわけです。

加藤がイギリスの工場に赴任したときのこと。

その工場はトラブルで何度も生産ラインが止まってしまう最悪の状態でした。さらには、アンドンを引いても、誰も対処しに来てくれないことが従業員たちの士気を下げていました。

ちなみに、「アンドン」とは、異常表示盤のシステムのことで、生産工程の異常がひと目でわかるしくみのこと。トヨタではラインに異常があったときにアンドンを引くことがルールになっていて、ラインが止まるようになっています。

現地の工場に入った加藤は、現場の責任者に、ひとつだけ約束を守ってもらうようにお願いしたと言います。

「アンドンが引かれたら、すぐに駆けつけて問題を解決してください。それだけは守ってください」

すると、ラインがストップする回数が激減しました。

アンドンを引いたら、すぐにまわりの人が助けに来て問題を解決してくれるので、誰も助けてくれないという不満も解消され、作業に集中できるようになっていきました。結果として不良やトラブルが減っていったのです。

せっかくアンドンのしくみがあっても、現場の知識や経験があっても、作業者の気持ちにならなければ、現場を引っ張ることはできません。

アンドンを引いても助けてくれないという作業者の不満やイライラを解消することができたから、ラインがうまくまわるようになったのです。

部下の気持ちに沿う「遠心力リーダー」

リーダーには2つのタイプがあると言うのは、ＯＪＴソリューションズの専務取締役である海稲良光。

ひとつは「求心力リーダー」。

強力なリーダーシップをもった人で、組織の中心に陣取り、ぐいぐいと人を引き寄せて動かしていきます。

求心力リーダーが力を発揮し、会社がぐんぐん成長していくケースもありますが、いつまでも続けていると、上司のご機嫌をうかがってばかりいる指示待ち人間を生みがちです。「これをやれ」という指示を受けてばかりで、部下は自分の頭で考えなくなってしまいます。


もうひとつは「遠心力リーダー」。

メンバー全体を外から見て、トップから現場リーダーへ、現場リーダーから一般社員へとリーダーシップを波及させます。

具体的にいえば、部下が自ら問題や解決策を見つけ出せるようにマネジメントしていくのが遠心力リーダーです。

人を育てるのが得意なトヨタのリーダーは、実にこのタイプが多い。

メンバーの中心で偉そうにしていては、部下の気持ちは見えません。

部下が置かれた状況の観察やヒアリングなどで得たあらゆる情報を参考にして、外から部下の気持ちを推し量る。そうすることで、部下の気持ちに沿ったリーダーシップを発揮できます。

たとえば、営業成績が伸びない部下がいるとき、「もっとたくさん顧客先をまわれ」「新規のアポイントを増やせ」と一方的に指示を出しても、成績が伸びない理由がほかにあれば効果はあらわれません。

もしも部下が商品の説明に苦手意識をもっていてうまくいかないのであれば、その苦手意識を取り除いてあげる必要があります。

そのためにも、部下本人に仕事で困っていることや悩んでいることを直接ヒアリングしたり、営業日報からうまくいっていない原因を探ったりすることが大切なのです。

CHAPTER

コミュニケーション

生産性が倍になる トヨタの「コミュニケーション」

温情友愛の精神を発揮し、
家庭的美風を作興すべし。

――「豊田綱領」より

CHAPTER_6

コミュニケーション

LECTURE

72

ネットワークをつくる

トレーナーたちがトヨタ時代によく耳にし、印象に残っている言葉のひとつに、「ネットワークをつくれ」というものがあります。

会社は上司と部下という縦の関係ばかりになりがちですが、トヨタでは、インフォーマル活動（社内団体活動）を通じた横のつながりも同じくらい重視されます。

たとえば、職制ごとの会（班長会、組長会、工長会）、入社形態別の会（豊養会、豊隆会など）があり、職場以外の別の部署、別の工場の従業員とのコミュニケーションをとることができるようになっています。

具体的にいえば、懇親会を開催したり、ゴルフ大会などのイベントをやったりといったレクリエーション活動や各種の研修の場がメインです。

これらの会を通じてトヨタの人たちは、上司・部下という縦のネットワークだけでなく、同僚や、別工場の同じ工程、あるいは別の工程で働く人同士といった横のネットワークを広げていきます。

トレーナーの中山憲雄は、「それまで築いてきた横のつながりに助けられたことが何度もある」と話します。ある日、技術畑で実験部に勤めていた中山は、上司の部長に呼ばれ、「実験部にもトヨタ生産方式を導入してほしい」と言われました。

実験部は、新製品の車両の強度や振動、衝突安全のテストなどを行なう部署。トヨタの代名詞でもあるトヨタ生産方式ですが、当時は実験部をはじめ技術部門の部署への導入はむずかしいとされていました。

「組立のようにラインで流す仕事ではない実験部の仕事に、本当にトヨタ生産方式を導入できるのだろうか」

最初は、不安に思っていた中山ですが、トヨタ生産方式の総本山でもある生産調査部などの指導を受けながら、手探り状態で導入を進めていきました。

そうして行き着いたのが、「予備の試験を用意しておく」という方法。

当時の実験部では、たとえば1カ月の実験計画を立てても、途中で設計変更になる製品などがあり、計画どおりに実験が進まないのが日常茶飯事でした。たとえ計画時にはフル稼働の予定を立てていても、実際にはだいたい実験稼働率が75％だったので、約25％の人に手待ちが発生してしまう。

そこで、突発で発生するその25％の仕事の穴には、急ぎではない予備の試験を用意しておき、それで穴埋めすることにしたのです。そうすれば稼働率は上がり、人が余ることもありません。このように言葉にすると簡単ですが、実際に、予備の試験を用意しておくのには大きな壁がありました。

予備の試験をストックするには、他部署に実験用の車両や部品を手配してもらう必要があります。他部署の立場としては、年間計画に沿って業務をしているので、計画以外の仕事はやりたくないのが本音。交渉するにしても、その部署も数百人規模の部署なので、簡単に「うん」とは言ってもらえないのが現実でした。

横のつながりは武器になる

中山は、「そこで大きな力になってくれたのが、運動会や競技大会などのレクリエーションや研修会などで交流してきた仲間たちだ」と言います。

「私は積極的にレクリエーション活動に参加していたこともあり、他部署にも知り合いがたくさんいました。彼らに『実験部で、こんなことを考えているんだけど、知恵を貸してくれないか』などと相談しながら根まわしをしていったんです。こちらが本気であれば、彼らも耳を傾けてくれます。彼らのおかげで協力を取り付けることができ、結果的に75％の実験稼働率は95％まで上昇しました。トヨタが、組織の大きさのわりに小まわりがきくのは、レクリエーションなどを通じた横のつながりがあるから。それは、縦割りで風通しが悪い大企業病になることを防いでいるのです」

企業の組織が大きくなればなるほど、横のつながりがなくなりがちです。最近は社内のイベントなど交流する機会も少なくなっているのが現実です。

しかし、そういう会社であればあるほど、横のつながりをもっていることは、強力な武器になります。自分から積極的に他部署の人やほかの会社の人とのつながりをもっておけば、必ずいつか役に立つときがやって来ます。

CHAPTER_6

コミュニケーション

LECTURE

73 部署横断の「場」をつくる

トヨタでは、「インフォーマル活動」を通じて、一般の従業員でも役員と懇談会の席で話す機会があります。

そうしたコミュニケーションを通じて、会社の進もうとしている方向や部署の方針などを感じ取ることができます。また、役員の立場からいえば、組織の末端まで会社や自分たちの方針や考え方を伝えることができます。

トレーナーの柴田毅は、改善の指導先でインフォーマル活動の大切さを訴えると、「トヨタさんだから、できるんですよ」と言われることがよくあると言います。そんなとき、柴田はひと言、こう付け加えるそうです。

すいはずです」

「トヨタほどの大きな組織でもできるんですから、みなさんの会社ならもっとやりや

トレーナーの中島輝雄も、「トヨタのやり方をそのままマネする必要はない。大事なことは、組織間に横串を通すことだ」と言います。

中島が指導したある企業は、コンサルティングが終了したあとも、その改革メンバーをプロジェクト組織として残して、意図的に横のつながりをつくっています。

同社の全国にある6つの工場の代表者や各部門のコアとなる人材で組織される数十人のメンバーは、毎月1度集まって、情報交換をする。このメリットは、異なる工場や部署間で成功のプロセスを共有できるという点にあります。

たとえば、A工場の人が、「こんな改善をしたら利益率が上がった」という報告をすれば、B工場の人は、「そんなやり方があるのか。うちの工場でも使える」とノウハウを持ち帰ることができます。

つまり、よりよいやり方や考え方が、組織全体に広がっていくのです。

情報共有が対立を解消する

多くの職場では、縦割りの組織になっていて、横同士のつながりがない。ひどい場合は、部署同士で対立することもあります。営業部門と開発部門では、「もっといい商品を開発してくれないと売れない」「なんで、営業はもっと積極的に売ってくれないんだ」とお互いに不満を抱え、対立しがちです。

こういう組織では、両方の部署で共通の課題に取り組む「場」をつくるのもひとつのやり方です。たとえば、「顧客満足を高めるためのプロジェクト」「商品機能を向上させるプロジェクト」などを組織してみてもいいでしょう。

最初は意見がぶつかるかもしれません。

しかし、お互いにコミュニケーションをとって情報を共有することで、「向こうは、そういうことを考えて仕事をしているのか」「こんな問題を抱えているのか」ということに気づくことになり、これまで考えつかなかったような解決策も生まれやすくなるのです。

部署横断の「場」をつくる

縦割りの組織

営業部
マーケティング部
製造部
生産技術部
総務部

横串を通した組織

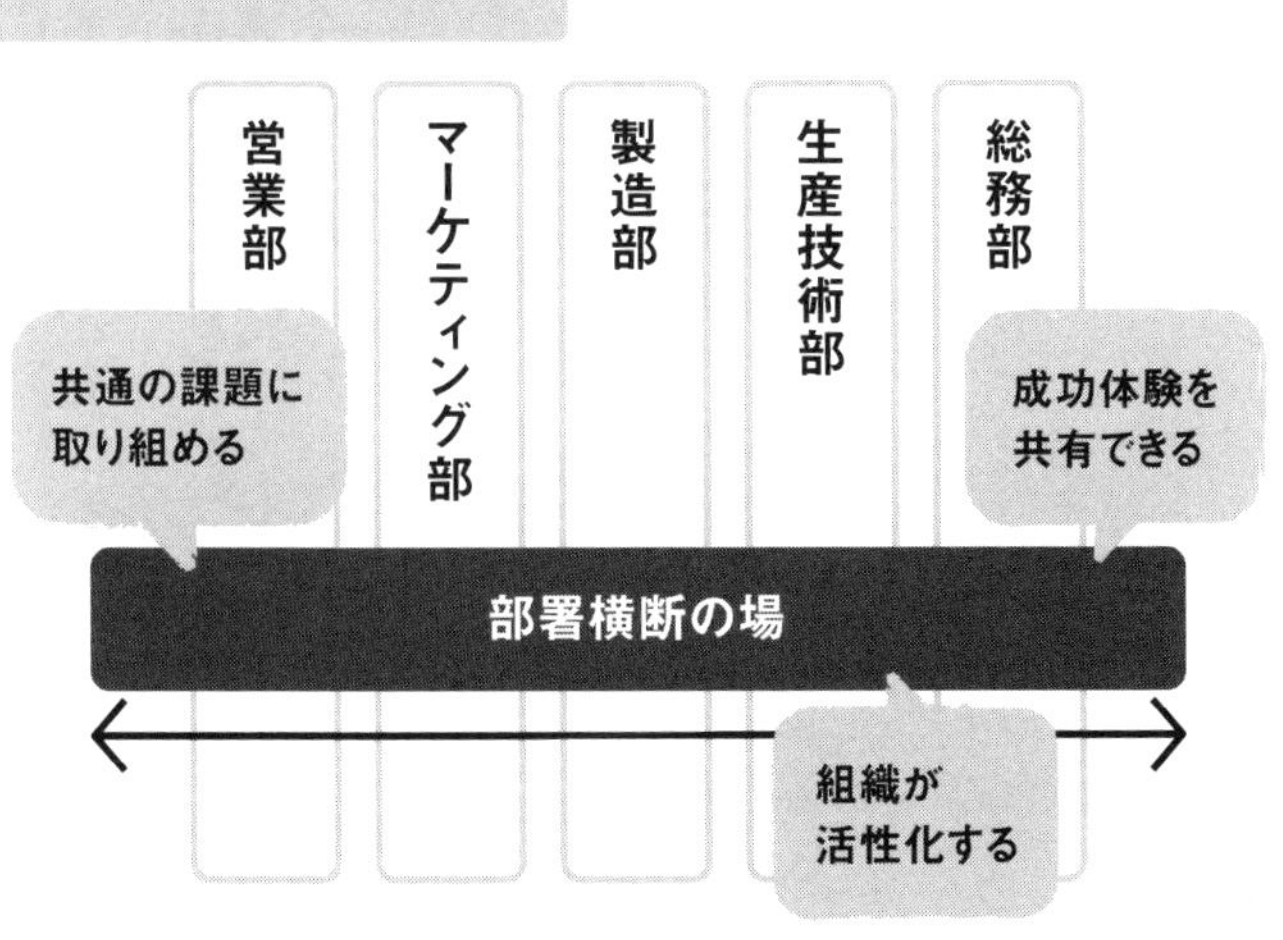

CHAPTER_6

コミュニケーション

LECTURE

74 陸上のバトンリレーのように仕事をする

トヨタでは仕事を、「陸上のバトンリレーのようにやりなさい」とも言われます。

陸上のリレー競技では、前の走者から次の走者へとバトンを渡すバトンゾーンがありますが、決められたゾーンの中であれば、どこでバトンを渡してもいい。バトンゾーンのいちばん手前でバトンパスをしてもいいし、いちばん先でバトンパスをしてもいい。

バトンゾーンをうまく使うことによって、前走者と次走者の引き継ぎが円滑になりますし、全体のタイムを縮めることもできます。

これは仕事でもまったく同じです。

100メートル×4人の400メートルリレーで、バトンゾーンが各20メートルある場合、最も長く走れば120メートル走れます。たとえば新人からベテランにバトンを渡すとします。そうしたらベテランは、バトンゾーンの手前ぎりぎりのところでバトンをもらって、新人を助けてあげればいいでしょう。

バトンゾーンがあることで、その時々の能力や状況に応じた働き方ができます。スキルの面では、前述のようにベテランが新人を助けることもできますし、トラブルやアクシデントが起きたときには逆に助けてもらったりできる。お互いに自分の領域を少し超えながら、助け合ってリレーを走ることができます。

人脈が広がり、仕事にも深みが生まれる

コミュニケーション面でのメリットもあります。

OJTソリューションズの専務取締役である海稲良光は1984年、トヨタとGM（ゼネラルモーターズ）の合弁事業「NUMMI（ヌーミ）」の立ち上げにあたり、外国人採用を行なったことがあります。

みんな優秀な人たちばかりでしたが、仕事を始めると大きく2つのタイプに分かれていきました。自分に与えられたブースから一歩も外に出ないで仕事をする人と、現場にどんどん出ていく人です。

前者のタイプは、自分の仕事は現場に出ていくことではないと考えています。自分が働くべき場所は、ブースの中。ブースで待っていれば、黙っていても情報が来る。その情報をパソコンで解析し、直属の上司に報告するのが仕事だと考えています。

後者のタイプは、現場に出ていって、自ら積極的に情報を仕入れる。現場の日本人作業者に、カタコトの日本語で話しかけるのです。

「コンニチハ、元気ですか」
「ワタシが送ったデータは役に立っていますか」
「今、ナニカ困っていることはないですか」

こうしたひと声をかけて、コミュニケーションをとろうとします。

バトンゾーンを使って仕事をする

前走者が作業に不慣れな場合、
次走者が自らの作業を超えてサポート

↓

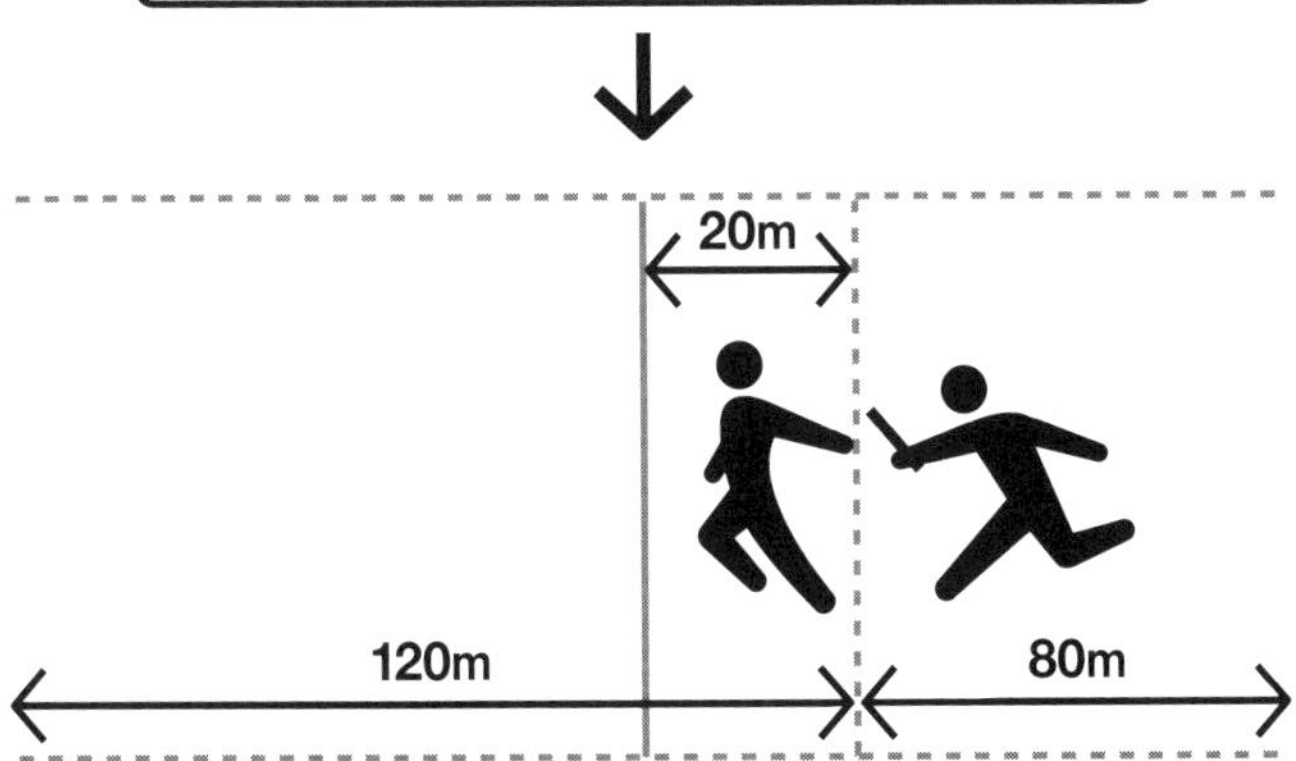

全体の作業時間はスピードアップする

そのうちに、この両者の間には開きが出てくる。自分の仕事範囲を明確に規定し、自分のブースにこもっている前者のタイプはだんだん孤立していく。現場にどんどん出ていく後者のタイプは、社内の人脈も広がり、仕事に深みが出てくる。

こうして1年くらいがたつと、両者がもっている情報の質と量が、かけ離れたものになっていきます。

このようにバトンゾーンいっぱいまで仕事をする後者のほうが、効率が上がったり、さまざまな場面で臨機応変に対応できたり、仕事に深みが生まれたりするなど、メリットが大きいのです。

CHAPTER_6

コミュニケーション

LECTURE

75 ほうきを持って現場を歩く

コミュニケーションというと、お酒の入った飲みニケーションを想像する人も多いかもしれません。たしかに、飲みニケーションも距離を近づける方法のひとつですが、日常業務の中でコミュニケーションを図るのがいちばん効率的です。

トレーナーの中島輝雄が、工長時代に、ある課へ配属されたときのこと。

その課は比較的新しく、正直いうと、個性の強い一匹狼的な従業員が集まっている部署でした。それだけに、職場の士気も低く、中島がそれまでいた部署と比べ、チームワークの面でもかなり劣っていたのです。

その部署に工長として入った中島が最初に行なったのは、ほうきとちりとりを持って、毎日工場内を歩いてまわることでした。

それから約3カ月間、中島は現場を歩いて、できるだけたくさんの部下と接することをいちばんに考えました。どんな問題が起きているかは、現場を見れば一目瞭然ですし、1対1で話をすれば、部下がどんな考えで仕事をしているのかもわかります。

ほうきとちりとりを持って歩いていると、自然と現場と接点がもてます。

たとえば、「今日もネジが床に落ちているね。なぜだろう?」と質問すれば、現場の部下がその原因を考えてくれます。


「部品箱から取り出すときに落ちたのかもしれません」

「取りにくい場所にあるからネジが落ちるんじゃないの?」

「高い場所に置いてあって見づらいかもしれません」

「それなら、ネジを置く場所を変えてみたらどうだろう?」

「こっちの棚に置き換えたほうがいいと思います」

「そうだね。やってみようか」

このように落ちている部品ひとつでも、部下と接点をもつことができますし、仕事のやり方を指導するきっかけとなります。

こうして中島は、問題の多かった現場をコツコツとまわり、少しずつ現場の従業員と対話を重ねることで、職場を変えていったのです。

部下と対話をする機会をつくる

トヨタの上司は、現場を見ることに時間を割きます。

トレーナーの山田伸一は、上長である役員が会議で報告するための資料をつくったとき、驚いたことがあります。

上司は役員ですから、現場を細かく見ている時間も機会もないと思っていました。しかし、その役員が報告するのを見ていたら、山田たちがつくって渡した資料以上の内容についても把握し、報告してくれていました。

現場を見ていなければ、話せない内容だったので、山田は「トヨタのリーダーは、役職が上になっても現場をよく見ているのだな」と感動したといいます。

オフィスの場合は、ほうきとちりとりを持ってまわることは、現実的ではないかもしれません。

しかし、部下との接点はいくらでもあります。

書類の受け渡しをするとき、ホウ・レン・ソウ（報告・連絡・相談）の場、会議の場、休憩時間などさまざまな接点を使って、現場の社員と対話してみましょう。

部下はあらたまって上司に話しかけたり、相談したりしにくいものです。立ち話でもいいので、気軽に「A社の案件はうまくいってる？」とひと声かけるだけでも、「実は、困っていることがありまして……」などと仕事の状況や部下の考えていることを知ることができます。

部下のことを知り、自分たちの考えを伝える場をつくることが大切です。

LECTURE

76 関心をもって対話する

トヨタの上司は、部下に関心をもって対話する機会を積極的につくっています。

「対話が重要だ」と言っても、何を話したらいいかわからない人もいるかもしれません。そして、苦しまぎれに「困ったことはないか」と聞いてしまう上司も少なくありません。しかし、信頼関係もないうちに困ったことを正直に打ち明ける人は、あまりいないでしょう。

トレーナーの村上富造は、時間をかけて接する必要があると言います。

最初のうちは、「今日は、暑いなあ」「今朝、妻とケンカをして困ったよ……」といった日常会話でもいい。「キミに関心をもっている」「キミのために、時間を確保している」ということが部下に伝われば十分。

ときには、上司が「こんなことで困っている」と悩みを打ち明けることもあっていいでしょう。「上司も自分と同じように悩んでいるんだ」と思ってもらえるように部下の目線と同じレベルまで落としていく。そうしたことを繰り返していくうちに、「実は、こんなことを考えていて……」と徐々に心を開いてくれるようになります。

部下の名前を毎日呼び続けた上司

上司に関心をもたれていることがわかると、部下はやる気になります。

しかし、トヨタの場合では、1人の課長が200〜300人の部下を見なければいけません。だから、物理的に全員と対話をするのはむずかしい。そこで、トレーナーの山田伸一は課長時代に、毎朝名前を呼ぶことを習慣にしたと言います。

「私のいた部署ではラインで組立をしているので、作業の区切りがついたところで、部下の名前を呼んで声かけをしてまわりました。『○○くん、元気か』とこの程度です。しかし、これを毎日1時間ほど続けていると、声の調子と顔つきで、体調や精神面がわかるようになります。声の調子が悪いと『調子が悪いのか』『嫁さんとケンカでもしたか』と声をかけると、『風邪気味で』『実は、朝、ケンカをして』といった答えが返ってきます」

こうして一人ひとりに声をかけてまわることで、部下は自分が関心をもたれていることをうれしく感じて、モチベーションも上がります。

あなたは部下に関心をもっているでしょうか。関心をもっているだけでは不十分で、それを態度に示さなければ、その関心は部下に伝わりません。

部下が数人くらいのリーダーが、部下とひと言も会話をしなかったという日があったとしたら、異常事態。そのリーダーは、部下のことをほとんど理解できていないはず。部下も放っておかれていると思っているでしょう。

なお、反対に部下から上司に声をかけてもいいでしょう。あいさつをされてイヤな気持ちになる上司はいません。

CHAPTER_6

コミュニケーション

LECTURE

77 できの悪い人ほど褒める

部下がミスをすると、「なぜ、できないんだ！」と怒りたくなります。

しかし、叱責の言葉が飛び交うような職場では、従業員が委縮してしまい、成長が阻害されてしまいます。

「トヨタには褒め上手な上司がたくさんいた」と話すのは、トレーナーの高木新治。

もちろん、ルールから逸脱したような場合や作業者の安全に関わるようなことは、その場で厳しく叱りつけることもありますが、「個人のよいところを褒めて伸ばす」というのがトヨタの文化といえます。

高木が改善の指導に入った企業は、いわゆる社長のワンマン経営。

失敗すれば容赦なく降格させられるので、従業員は指示待ち人間ばかり。「余計なことは言わないほうがいい」という空気が蔓延していました。

そんな会社の社長ですから、怒ることはあっても、決して従業員を褒めることはありませんでした。

「しかし、私の経験から言えば、怒られて伸びるタイプはごくまれ。褒められたことが自信になり、潜在能力を開花させる人がほとんどです。従業員のみなさんに、積極的に改善に取り組んでもらうためにも、社長に褒めるべきところは褒めてもらわなければならない、と考えました」

そんな危機感をもっていた高木は、改善の発表会を開いたときに、社長が「キミの発表はわかりやすかったな」と珍しく褒めたのを聞き逃しませんでした。

褒め言葉は魔法の言葉

後日、高木は社長に、「先日、社長が発表を褒めていた○○さんは、いまや現場で核となっていますよ」と伝えました。すると、自分が褒めた社員が、イキイキと働いているのがうれしかったのでしょう。その日以来、社長の態度は少しやわらかくなり、ときおり褒めるようになっていきました。

依然としてワンマン経営であることに変わりはありませんが、社長が褒めることによって社内の雰囲気がよくなり、社員が積極的に改善に取り組むようになったのです。

「褒め言葉は魔法の言葉だ」と語るのは、トレーナーの中山憲雄。

「誤解を恐れずに言えば、ウソでも100回言えば本当になります。だから、できの悪い人ほど褒める。小さなことでもいいので、できた部分については認めて褒めてあげる。また、本人が頑張った結果であれば、たとえ失敗しても結果だけを見ずに、『よく頑張った』とそのプロセスを評価してあげれば、部下は前向きに仕事に取り組み、自然と伸びていきます」

あなたは今日、何回部下を褒めましたか。

一度も褒めていないなら、あなたの職場の部下は、もっている能力を発揮できていないかもしれません。

褒めていくうちに、自信をつけ、仕事ぶりも変わってくるはずです。

LECTURE

78 「仕事ぶり」を褒める

褒めるときのコツは、仕事ぶりを褒めることです。


「仕事頑張っているね」

「丁寧な仕事だね」

「残業どのくらい？　2時間なんて大変だね」

「なんで、こんなに早くできるんだい？」


人柄や容姿は、自分が褒めたつもりでも、相手はコンプレックスに思っていることがあるので要注意。また、「いつも余裕をもって仕事をしているね」と褒めたつもりでも、本人がもっとスピード感のある仕事をしたいと思っていれば逆効果です。

なお、少しテクニック論になりますが、褒めるときは直接、相手に伝えるだけでなく、間接的に褒めるのも効果的です。

あるトヨタの上司は、本人が目の前にいる、いないにかかわらず、褒めるときはとことん褒めていたと言います。

褒められた本人がいなくても、ほかの従業員が聞いているから、そのうち伝言ゲームで本人に伝わります。直接褒められるのもうれしいものですが、間接的に伝わると、人を介している分、信憑性が増し、そのうれしさが倍増します。

Aさんを褒めたいときは、あえて同僚のBさんに「Aさんの仕事は信頼できる」と伝える。それがまわりまわって、「部長がAさんのことを褒めていたよ」とAさんの耳に入ります。

褒めるだけでなく方向性を示す

ただし、トレーナーの鵜飼憲は、「褒めて伸ばすのは大事だが、それだけだと、どこかでどんでん返しを食らう可能性もある」と言います。

相手の性格にもよりますが、褒めるだけでは調子に乗って天狗になる者も出てきてしまいます。

褒めることで目先の評価を伝えるだけではなく、先の方向性を示す必要があります。

つまり、話し合いをしながら、3年後、5年後にどんな仕事をしていたいか、どのような立場になっていたいか、部下が進むべき方向性を確認し、目標を定めるのです。

それと同時に、部下の現状をあきらかにして、目標を達成するために足りない部分を一緒に確認します。

そうすれば、褒められたことが自信になり、方向性を間違うことなく、部下の目指す方向へと成長していきます。

人の能力やスキルは、それぞれ個人差があって当たり前です。ですから、一律の目標を示して引っ張るのにはムリがあります。成長のスピードも一緒ではありません。

だからこそ、1対1で向き合い、「こんな勉強をしよう」「こんなスキルを身につけよう」とお互いに確認するのです。

そうすることによって、個人の能力を最大限に引き出すことができます。

LECTURE

79 資料は「読ませず」に、「見させる」

「資料をつくったつもりが〝紙料〟や〝死料〟になっていないか」

これはトヨタの元副社長・大野耐一の言葉です。

どんなに分厚く充実した資料であっても、ムダな文章や不必要なデータが並んでいては意味がない。結論やポイントが簡潔に相手に伝わる資料でなければ、時間と紙がムダになってしまいます。

トヨタでは、問題解決を行なうとき、その8ステップをA3サイズの1枚の用紙に簡潔にまとめることが基本となっています。「問題点」や「現状の把握」「目標」「問題の真因」「対策計画」「効果の確認」などが、読み手に一目瞭然でわかる資料が求められるのです。

だから、書き方にも工夫を凝らす。長い文章をだらだらと並べるのではなく、ポイントを簡潔に文章にし、グラフやイラストなどを使って読みやすい文章にするのです。創意くふうで改善策を提案するときも、トヨタでは読みやすさにこだわる。たとえ同じ内容の改善案でも、読みやすさで報奨金が変わってくる。それほど、トヨタでは伝える力が求められるのです。

「上司からは『読みたくない、見させてくれ』とよく言われた」と話すのは、トレーナーの加藤由昭。

トヨタでは、A3の用紙だけでなく、A4の用紙で報告を行なう場合もありますが、基本はA3用紙と同じ。いかに読みやすいかが重要です。

忙しい中でもパッとポイントを把握し、適切な判断ができる。トヨタの上司はそのような資料を求めます。資料を読み込むことに時間をとられれば、判断の遅れにつながるリスクがあるからです。

だから、極端なことをいえば、読まなくても、見ればわかる資料が重宝される。この資料は何が言いたいのかがすぐわかることが大切なのです。

「見せる」資料は熱意が伝わる

オフィスには資料があふれかえっています。それらは、紙料や死料になっていないでしょうか。

どんなにすばらしい提案書でも、資料の結論やポイントが明確になっていなければ、相手には伝わりません。

どんなにパワーポイントで表をつくってデータを充実させても、数字の読み方を相手に委ねる資料では読んでもらえません。単なるお飾りにすぎません。表をグラフ化したり、要点を簡潔に示すことによって、初めて言いたいことが伝わります。「読ませよう」ではなく、「見せよう」と意識してつくった資料は、その熱意が必ず相手に伝わります。

また、相手に伝わる資料をつくろうと思えば、自分で調べたり、自分の頭で考えたりしなければなりません。こうした資料をつくる体験こそが、あなたの仕事力をアップさせます。

CHAPTER_6

コミュニケーション

LECTURE

80 「後工程」にアイデアが隠されている

トヨタには、「前工程は神様、後工程はお客様」という言葉があります。どんな仕事にも自分の仕事を準備してくれる前工程があり、自分のやった仕事を引き継いでくれる後工程があります。

後工程が仕事をやりやすいように仕事を渡さなければ、多くの人に迷惑をかけ、結局自分の首を絞めることになります。

不良品を次の工程に流してしまえば、当然、後工程でトラブルが発生し、ラインが止まってしまいます。

トレーナーの加藤由昭は、「前工程と後工程を意識するのは仕事の基本ですが、『お客様』である社内の後工程とコミュニケーションをとっていると、思わぬ発見やアイデアに出会える可能性がある」と言います。

加藤が改善の指導に入ったある会社の生産技術部の担当者は、ライバル企業との競争や市場の変化から、仕事の受注減が予想されるため、製造現場の人数を減らし、コストダウンを図ることを検討していました。

しかし、加藤が担当者にヒアリングをしていくと、製造現場の意見を聞かずに、生産技術部だけで対策を検討しているとのこと。生産技術部は、製造現場で使う機械装置を設計するだけで、製造現場の仕事そのものにはほとんどタッチしていなかったのです。

そこで加藤は、生産技術部の担当者に「あなたのお客様は製造現場ではないですか」と言って、製造現場へ見学に行くことを提案しました。

すると、現場の作業者からは、「もっとこうしてほしい」「もっとこんなことができる」という意見やアイデアが出てきたのです。作業者にとっては自分たちの意見を聞いてもらえるのはうれしいことです。

それ以来、その担当者は定期的に製造現場に顔を出すようになり、意見交換をしたり、それぞれの部署が抱える問題を相談したりするようになりました。

その結果、人を減らさなくても済むようなアイデアも出てきたのです。

デスクにかじりついていてもアイデアは生まれない

社内の後工程とコミュニケーションをとるような場があると、情報やアイデアを得られ、デスクに座って考えていては思いつかないようなアイデアが生まれることがあります。

会社の組織が大きくなればなるほど、社内の後工程とのコミュニケーションの機会は減っていくものです。

休憩でコーヒーを飲みに行くときにふらっと別の部署に顔を出してもいいですし、他部署の人とランチを一緒にとってもいいでしょう。

自分の仕事から一歩離れた空間から見ることで、思わぬ発見やアイデアに出会える可能性があります。

LECTURE

81 抵抗勢力には責任を与える

社内には、必ずといっていいほど、「抵抗勢力」といわれる人がいます。

あなたが改善をしよう、新しいことを始めようと思っても、「そんなのは意味がないのでは？」「そんな時間はない」などといろいろ理由をつけて、聞かなかったことにしようとします。

「トヨタでは、いわゆる抵抗勢力といえる人がいても、メンバーから外したり、無視して進めたりすることはない」と話すのは、トレーナーの柴田毅。

「よほどの場合を除いて、基本的には中に取り込むことを考えます。最近は一般にフラット化している組織が多いので、上司やメンバーを飛び越えて仕事をするケースも多いですが、それをやられたほうは、『人間として扱われていない』と感じ、ますますうまくいかなくなります。それよりも、チームの中に入ってもらい、なんらかの責任をもたせるほうがうまくいくことが多いのです」

抵抗勢力になるような人は、組織の中で疎外感を抱いていることが多いので、チームで役割や責任を与えると、逆に協力的になることもあります。また、当事者になれば、反対ばかりはしていられなくなります。

トレーナーの柴田は、ある企業の5S指導に入ったことがあります。

プロジェクトメンバーを組むにあたって、指導先のメンバーから言われたのは、「課長が必ず抵抗勢力になる」ということ。

プロジェクトメンバーの上司である課長は、近々定年退職を控えていることもあり、わざわざお金をかけて職場を変えることに強い抵抗感をもっていました。「整理・整頓のために外部のコンサルタントに頼むなんてお金のムダだ」とまで言っていたといいます。

プロジェクトから完全に外れてもらうこともできましたが、柴田はあえて課長にプロジェクトの責任者として活動に参加してもらうことを決断しました。

「5Sを通じて、職場の改善と次世代のリーダー育成を担っていただきたい。それに関連する進捗や成果については、○○課長に必ずホウ・レン・ソウ（報告・連絡・相談）させていただきます」

このように言って、課長を説得すると、意外なことに課長は抵抗勢力になることなく、自らイベントのアイデアを出してくれたり、改善道具を製作してくれたりするなど、協力的な姿勢をとってくれました。もしもメンバーから外していたら、本当に抵抗勢力になっていたでしょう。

「抵抗勢力」と決めつけて避けるのは簡単ですが、そういう人たちのもてる力が発揮されないままでは組織としては大きな損失です。

「抵抗勢力」になってしまうのには、必ず理由があります。単純に上司とウマが合わないということもありますし、今の仕事が希望の部署とは違うという理由かもしれません。

そういう場合は、よく話を聞いたうえで、違う上司のもとで働かせたり、違う仕事を任せたりすれば、ガラッと態度が変わることが多いのです。

LECTURE

82 「面倒な人」から動かす

組織には、成果をどんどん出して組織を引っ張っていく人もいれば、なかなか組織や仕事になじめず、成果を出せないでくすぶっている人もいます。

「トヨタには、実力があるのに埋もれている人を引っ張り上げる上司がいた」とトレーナーたちは口をそろえます。

トレーナーの土屋仁志もまた、組織には必ず「ひとくせあって、上司に煙たがられていたり、孤立している人間がいる」と言います。

「トヨタのときもそうでしたが、指導先でコンサルティングしていると、実力があるのに埋もれている人がいます。まわりから『あいつはダメだ』という評価であっても、話してみると自分なりの意見をもっていたり、すごいアイデアをもっている人がいたりするのです。こうしたタイプはコミュニケーションしだいで大きく伸びます」

土屋は、組織には大きく分けて2つのタイプの人間がいると言います。

Aタイプの人は、上司の言うことを聞き入れて、素直に業務を遂行してくれる人。よくいえば従順、悪くいえば平凡。使い勝手はいいのですが、自分からアイデアを出したり、リーダーシップを発揮する力には劣るタイプです。

一方、Bタイプの人は、ひとくせあって、ときに上司に意見を言って、たて突くような部下。こうしたタイプは、上司にとっては面倒で目障りな存在なので、組織の中でも孤立しがちです。しかし土屋は、「こうしたくせのあるタイプから育てると、組織はどんどんよくなっていく」と断言します。

「上司によっては、こうしたタイプの人間をあとまわしにする人もいますが、私は、真っ先に孤立している〝問題社員〟から育てるようにしていました。Bタイプの人は、自分の考えをもっているから、『ここがおかしい』『その意見には反対だ』と意見を言ってきます。つまり、上司にかみついてくるような人は、良い悪いは別にして『信念』をもっています。逆に言えば、Aタイプの人は、あまり考えておらず、自分の意見をもっていないから、何も言わずについてくるのです。

だから、Bタイプの人をひとたび味方につければ百人力。よく考えているから、アイデアも豊富で、リーダーシップも発揮できる。こうしたタイプの人をうまく活かせれば、多数派であるAタイプの人を引っ張っていく存在になってくれます」

ひとくせのあるタイプの部下は、どの企業にも存在しているものです。

ほとんどの上司は、こうしたタイプから目をそむけたがりますが、真正面から向き合うべきです。

上司に意見を言ってくるような人は、ある意味、「SOS」を出しているともいえます。「あいつは、こういう性格だから」と決めつけずに、不平不満を聞いてあげる。こうしたコミュニケーションをとることで、上司を信頼してくれるようになるのです。

CHAPTER_6

コミュニケーション

LECTURE

83 悪い報告から先に伝える

「ホウ・レン・ソウ（報告・連絡・相談）」は、ビジネスを円滑に進めるための基本です。部下からホウ・レン・ソウがすばやく正確に行なわれるからこそ、上司は的確な判断を下し、迅速な対応をとることができるのです。

しかし、ホウ・レン・ソウはあまりにも当たり前すぎるのか、きちんと実施されている職場は多くありません。

こうした職場では、たったひとつのホウ・レン・ソウが行なわれなかったせいで、大きなトラブルやクレームにつながるというリスクがあるのです。

トレーナーの村上富造は、「何もトラブルがない日などゼロだった。だからこそ、トヨタにはトラブルにすばやく対応するためのホウ・レン・ソウのルールがあった」

と言います。

たとえば、ある重要度の高い設備でトラブルがあった場合、15分たっても解決しなかったら組長は工長に報告する。工長は30分で解決できなかったら課長に報告する。このようにトラブルが続く時間によって、報告を上に上げるルールになっていました。トラブルでラインが止まる時間が長くなるほど、多くの工程に影響が及ぶからです。

確実にトラブルが上に報告されるしくみをつくっておくことで、組織全体で柔軟に対応することができます。


これは、オフィスの仕事も同じです。

どんな仕事も、一人で自己完結することはありません。必ず前工程や後工程が存在します。もしあなたがなんらかのトラブルで仕事を予定どおりに終えられなければ、後工程に悪影響が伝わります。

だからこそ、トラブルが後工程に影響を及ぼすことがわかったら、すぐさま報告する。たとえば、上司に提出するはずだった書類が、なんらかの理由で遅れそうになったら、すぐさま上司に報告する。事前に報告を受けていれば、上司は関係部署と調整するなど、なんらかの対応をとることができます。

しかし、締め切りギリギリになって、「やっぱり間に合いませんでした」と報告しても、上司はあわてることになりますし、対応策の選択肢も狭まってしまいます。

「トラブルや都合の悪いことは隠しておきたい」というのが人間の心理です。しかし、トラブルや問題の報告が遅れれば遅れるほど、事態は悪化し、まわりに迷惑をかける結果となります。悪い報告こそ、優先すべきなのです。

「いちいちホウ・レン・ソウをするのは面倒だ」と思う人が多いかもしれません。ついつい軽視しがちですが、ホウ・レン・ソウをするのは上司のためだけではありません。

上司は部下の仕事の進捗を知ることで、安心し、適切な判断をすることができます。

その一方で、部下は上司から助言をもらえます。部下よりも経験値の高い上司は、ホウ・レン・ソウからミスや失敗につながる兆候に気づくことができますし、打開策となる案を示せるかもしれません。

ホウ・レン・ソウは、する側にもメリットがあるのです。

LECTURE

84 失敗事例はどんどん共有する

トヨタでは、「失敗やミスが起きても人を責めずに、しくみを責める」という話を第1章でしました。

このような考え方をすると、「失敗やミスをした本人は責任感がうすまってしまい、他人事になるのではないか」と心配する人もいるかもしれません。

しかし、そんな心配はいらないと語るのは、トレーナーの原田敏男。

「ミスをした本人は直接責められることはなくても、まわりに迷惑をかけているのですから十分すぎるほど反省しています。それよりも、二度と同じミスが起きないように、チームのメンバーで議論をして、共有する。そうすることによって、同じミスが再び起こるのを防ぐことができますし、メンバーのチームワークも高まっていきます。
メンバーは、『自分の代わりにほかの人が失敗してくれた』と思うことはあっても、ミスした人を責めることはしません」

サッカーの試合でも、相手チームに点を入れられる直接的なミスをした守備の選手が、一見悪いように見えます。

しかし、チーム全体で見れば、そのような状況をつくってしまった中盤や前線の選手にも原因がありますし、監督の戦術そのものにも問題があったのかもしれません。
だから、プロのサッカー選手は、ミスした選手を個人攻撃するのではなく、そのような状況をつくってしまった原因を追究し、二度と同じ状況をつくり出さないように修正していきます。

ミスの報告には「ありがとう」

トヨタのチームでも、失敗やミスをした個人に責任を押しつけることはありません。

だから、失敗やミスを隠すことなく、報告することができます。
原田は、こう言います。

「私がいたプレスの工程では、ひびが入るなど不良の兆候があったら、どんな小さなひびでも必ず報告しなさいと徹底していました。それを報告してくれた人に対しては、『報告してくれてありがとう』と握手をしながらお礼を言ったり、ケースによっては報奨金を出すこともありました」

本来、失敗は隠したくなるものですが、よりよい仕事をするための材料でもあると考えて、失敗はどんどん外に出すべきなのです。

LECTURE

85 本音の話し合いは事実ベースで

ケースによっては、きわどいことも本音で言わなければいけないときがあります。

そんなときは、「事実」にもとづいて話す必要があります。事実とは、現場のデータや現象などのこと。

トレーナーが改善のために指導先に入った当初、現場の従業員は「この人たちは何しに来たんだ。余計なことをしないでほしい」という態度をとることがあります。人は変化することを嫌いますから、それはある程度しかたのない反応です。

そんな現場の人に自ら変化してもらうには、データなどの事実がものを言います。

たとえば、不良率が高い現場であれば、「このまま不良率が12％のままだったら、年間1000万円の損失になります。せっかく一生懸命つくっているのに悲しいですよね」と言って数字で表現する。そして、実際にすぐできる簡単な改善を行なって不良率を改善してみせる。

現場の人は不良率が高いことほど徒労感を覚えることはありませんから、このような客観的なデータをもって改善の効果を示してあげれば、一気に意識が変わります。

「客観的なデータ」は人を傷つけない

もちろん、「事実」が重要なのは、オフィスワークでも同じ。

たとえば、不振の事業から撤退するかどうかを判断する会議での発言。この判断があなたの会社や仕事に大きな影響を与えることが想定できれば、あいまいな発言でお茶を濁すことはできません。

「売上シェアが6カ月連続で落ちている」

「九州エリアでは売上シェアが10%ずつ伸びている」

前者のような客観的な事実があれば、いさぎよく撤退するという判断もできますし、後者のような事実があれば、「九州エリアでの成功事例を横展開してテコ入れする」といった判断も可能です。

しかし、事実にもとづかず、「売れていないようだから、徹退を検討すべきときだ」といったイメージや感情論で話をすると、相手は反発します。

「この製品は他社よりも性能的にすぐれているので、必ず巻き返せます」といった根拠のない意見が出たり、「まあ、もう少し様子を見てみよう」といった先延ばしの結論に落ち着く可能性もあります。

事実をもとに議論をすることで、冷静に本音の話し合いができるのです。

LECTURE

86 「メリット」が人を動かす

部下に仕事の指導をするとき、「会社のためになるから」「お客様のためになるから」という言葉を使うことがあります。

それは正しいかもしれませんが、実際には部下の心に響かないものです。

部下に「ここにムダがある。だからこうしなさい」と言っても、その場では言われたとおりにやるかもしれませんが、持続的な行動にはつながりません。

それよりも、「こうすると楽になる」という言い方をしてあげると、納得して行動に移してくれるようになります。

トレーナーの加藤由昭は、病院の改善指導に入ったことがあります。

その病院では、「検査業務で目標患者数をこなせない」「患者さんの待ち時間が長い」

などといった問題が起きていました。

加藤が観察していると、ひとつのフロアの1カ所に、これから準備室に入る人と、これから検査室に入る人が集められ、入り交じる状態になっていました。だから、看護師さんが「○○さん！」と大きな声で呼びながら探していました。

そこで、フロア内にあるイスをグリーンのイスとピンクのイスに分けて並べ、準備室に入る人はグリーンのイス、検査室に入る人はピンクのイスに座って待機してもらうようにしました。そうすることで、「○○さん！」と大声で呼びながら探すことがなくなり、人の流れもスムーズになったのです。

「改善指導に初めて入るときは、指導先も警戒しているものです。『面倒なことになるのではないか』『自分たちのやり方を否定されるのではないか』と。だから、最初にこうすればすぐに成果が出る、楽になるということを肌感覚で知ってもらうことが大事になります」

「どうすれば得になるか」を考える

これは、部下を指導するときにもいえることです。頭ごなしに「こうしなさい」と言うよりも、「こうすれば楽になる」と気づかせることで、部下が動くようになります。トレーナーの清水賢昭も、自分の部下には、「どうすれば楽になるか」「どうすれば得になるか」というメリットを伝えるようにしていたといいます。

自動車工場のラインでは、同じ作業を淡々と繰り返すだけになることもあります。売れ行きがよいときなどは1時間で60台つくるとすると、ひたすらハイペースで作業をこなさなければなりません。当然、作業自体に飽きてしまう人もいます。

そういうときは、彼らにメリットを訴えるのです。

「100円儲けるのと、105円儲けるのと、どっちがいい？　俺は105円だ。じゃあ、給料で考えてみよう。給料だったら20万円と21万円どっちがいい？　もちろん21万円だよな。一生懸命、不良を出さないように仕事をすれば、会社の利益も上がり給料がアップして自分に返ってくる」

自分の利益につながることであれば、人は動くのです。

清水はトヨタを退職したあとも、指導先で、メリットを示すことによってやる気を引き出しています。

ある指導先の営業担当は、すべての店舗をまわって家に帰ると午前様。残業が常態化していました。多くの営業担当はこうした状況に不満を抱いていました。

そこで、次のように質問していきました。

「残業をなくしたいですか」

「はい、定時に帰りたいです」

「そのためには、どうすればいいですか」

「早く売上を上げてノルマを達成することです」

「早く売上を上げるためにはどうすればいいですか」……

こうして「自分がメリットを得られる状態になるには、どうしたらいいか」という発想をさせることで、今の仕事で感じている不満を解消することも可能になります。

CHAPTER_6

コミュニケーション

LECTURE

87 アイデアは目に見える形にする

せっかく思いついた自慢のアイデアも、上司やお客様など相手に伝わらなければ、日の目を見ることはありません。言葉や資料だけでは、どうしても相手に伝わりづらいのです。

「トヨタでは、アイデアを伝えるとき、実際にやってみせたり、つくってみせたりすることが多い」と言うのは、トレーナーの中山憲雄。

たとえば、1800ミリのエアコンの配管を1700ミリに短くしたほうが、100ミリ分のコストが安くなるという改善のアイデアがあるとします。このようなときは、論より証拠とばかりに、2つの配管を実際に並べて説明する。

そして、「100ミリ短くなると大きなコストダウンになります。50万台つくるとすれば、数千万円のコストが浮くことになります」ということであれば、「すぐにやってくれ」となるでしょう。

トレーナーが指導先の企業に入るとき、最初から改善に協力的な現場は少数派です。現場の人の立場になれば、自分たちがこれまでやってきたやり方を変えなければならないのですから、トレーナーは「やっかいな存在」に映ります。

そんな現場でトレーナーがまずやることは、結果を見せること。

たとえば、作業者が何度も腰を曲げて部品を取っているのであれば、その動作をしなくても済むように部品を置く場所を上にもってくる。不良が多く発生している現場であれば、改善によって不良率を低減してみせる。

このように自分たちにメリットがあることが目に見えてわかると、一気に改善に対して協力的になってくれるといいます。

完成度は関係ない

言葉で伝わらなければ、形にしてみましょう。現物ほど説得力をもつものはありません。

たとえば、社内で新製品の企画を通したいのであれば、試作品やパイロット版をつくってみる。

形にしにくいものであれば、類似の商品やサービスを実際に体験してもらうのも一手です。

完成度は関係ありません。手づくり感いっぱいなものでも、「ある」と「ない」では大違い。プレゼンなどでは、完成のイメージが見えるかどうかで、結果が大きく変わってきます。

また、実際に形にすることで、プレゼンターの熱意も表現することができます。人に伝えるためにひと手間、ふた手間かけたことは、必ずそのエネルギーが相手に伝わるものです。

CHAPTER

7

実行力

すぐに成果が出る トヨタの「実行力」

「批評する力はあるが、実行する力はない。こういう技術者では自動車はできぬ。」

――トヨタ自動車工業創業者・豊田喜一郎

CHAPTER_7

実行力

LECTURE

88 「6割」で動く！

トレーナーがさまざまな企業の指導をしていてよく耳にするのは、経営者たちの「なかなか社員たちが行動に移してくれない」という不満です。

「準備が整ったら」「失敗したらイヤだ」と、どうしても腰が重く感じてしまう人も多いのではないでしょうか。

やはり誰でも失敗することが怖い。失敗すれば、マイナスの評価をされることもあります。だから、なかなか行動に移せないのが実情です。

トヨタには、現場の作業者に行動を起こさせるような言葉があります。

トレーナーの山田伸一は、指導先の現場の人たちに「6割いいと思ったらすぐやってください」とよく言っていると言います。

5割となると確率は半分半分。成功するか、失敗するか、その確率は同じなので、成功させることはむずかしいと感じてしまう人が多い。

逆に、「7割いいと思ったら……」「8割いいと思ったら……」でも、しり込みしてしまう人が多い。7割、8割という高い比率になると、「成功して当たり前」のレベルという印象が強く、失敗を恐れ慎重になってしまうためです。

だから「6割いいと思ったらすぐやる」なのです。

トヨタには、「6割いいと思ったらやる」のほかにも、行動を促す言葉がたくさんあります。

トヨタでよく言われるのは、「とにかく自分がいいと思ったら、失敗してもいいから行動を起こせ」ということです。

自分がいいと思ったらとにかくやる。失敗したらすぐやめる。失敗しても、やめて元に戻せばいいのです。

失敗した人は素直に「やってみたけどダメでした」と言えば問題ありませんし、トヨタでは誰も失敗したことで怒ったりはしません。だからこそ、トヨタの人間はどんどん動けるのです。

「私の感覚では、トヨタの人間は、3、4割の『いい』で動きだします。たとえば、ミーティングで部下がよい提案をしてくれ、『これはいいね』となったらすぐ動く」と山田は言います。

あなたは必要以上に慎重になりすぎていないでしょうか。もちろん、お客様に迷惑をかけてはいけませんが、個人の改善レベルであれば、失敗してもその影響はたかが知れています。

たとえば、面白いアイデアを思いついたら、まずは文書にまとめ、上司に提案してみる。いいアイデアであれば、上司は採用してくれるでしょうし、ブラッシュアップのためのヒントをくれるかもしれません。得るものはあっても、失うものはありません。

それでも失敗が怖いのであれば、ほかの人を巻き込まず、自分一人でできることから行動してみる。行動してみたら、意外とうまくいくケースも少なくありません。「6割いいと思ったらやる」を合言葉に行動を起こしましょう。

LECTURE

89

巧遅（こうち）より拙速（せっそく）

トヨタでは「改善は、巧遅より拙速を重視しなさい」と上司が言うのを、多くのトレーナーが耳にしています。

「巧遅」とは、考え方はいいが時間がかかること。改善をきちんとやろうとして一生懸命、何日もプランを練る。上司に「改善はできたか」と聞かれると、「もうちょっと待ってください」と言う。綿密なプランをつくるものの、実行までには時間がかかる。これが「巧遅」です。

一方の「拙速」とは、出来栄えはいまひとつだが、とにかく速いことをいいます。やってみた改善が、「こんな幼稚なもの」と言われる程度のものであったとしても、とにかくパパッとやってみる。

トヨタでは、まずやってみる「拙速」が、何よりも重要なのです。

あるトレーナーがかつて働いていたトヨタの工場では、「クォータートリムという部品が傷つきやすい」という問題を抱えていました。クォータートリムは、自動車の後部シートの部品のひとつで、大きくて取り扱いにくい。それに、一度、傷がついたら使いものにならない部品でした。

だから、クォータートリムの移動は特に慎重に行なっていました。専用の台車をつくり、15台分を吊り下げて、注意を払って搬送する。それでも、クォータートリム同士が、少しでも触れ合うと傷ができてしまう。トリムとトリムの間に、傷防止のクッションのようなものが必要でした。

そんなとき、ある班長が提案したのは、「自動車の床面に使っていたカーペットを、トリムとトリムの間に、カーテンのように吊り下げてみよう」というものでした。

最初、周囲は「そんな幼稚なことを」という反応でしたが、実際にやってみると、トリムに傷はつきませんでした。

改善は考えすぎたらできません。ごちゃごちゃ考えるよりも、まずやってみることが大切です。そして走りながら考え方をまとめていくのです。

小さなことでいいから一歩を踏み出す

たとえば、工場の階段などで、雨が吹き込む場所があるとします。そして、雨が降ったときに、そこで誰かが滑りそうになった。こうしたヒヤリハット報告が来たときも、「拙速」な改善が必要です。

誰かが滑りそうになったところにすぐ行って、滑り止めのサンドペーパーを貼ります。それだけで、安全性は向上します。

そのうち夜になって階段のステップが見えにくくなり、ヒヤリハットする人が出てきます。そうしたら、すぐにステップの部分を蛍光塗料で塗って暗くても見えるようにすれば、夜間の安全も確保できます。

雨が吹き込まないように屋根や庇（ひさし）をつくるといった時間のかかる対策は、そのあとに考えることです。

多くの人が、議論・検討・擦り合わせなどに多くの時間を割き、行動をなかなか起こしません。

今やろうとしている方法がまだまだ稚拙だと感じ、「もっといい方法を見つけてから行動しよう」としたら、改善はどんどん遅れてしまいます。

どんな稚拙なことでもいいから、先に踏み出す。階段一段でもいいから、とにかく先に踏み出してみるのです。

一歩踏み出してみると、スタートする前にはわからなかったことが見えてきたり、別のいい考えが出てくることも多くあります。

まずは行動――。これを心がけるだけで、あなたの仕事はどんどんスピードアップしていきます。

90 目標は「数値」で表現する

トヨタでは仕事で実行する前に目標を定めます。もちろん、部署の目標もありますし、改善や問題解決でも目標を定めてから実行に移します。

目標は行き先を示す道しるべです。これが明確になっていないと、せっかくの行動がムダになってしまいます。

目標を決める際、トヨタでは具体的に次の3つの要素を設定します。

・何を
・いつまでに
・どうする

たとえば、「不良品の発生を減らす」という問題解決に取り組んでいる場合、設定する目標は、次のようになります。

・何を　　　↓不良品の発生を
・いつまでに↓3月末までに
・どうする　↓0・01％以下に減らす

いちばんのポイントは、数値であらわすことです。

「不良品の発生を減らす」では、目標としては不完全です。このようなあいまいな目標では、1件でも減れば目標達成になってしまいますが、それでは問題が解決したとはいえません。

「どうする」の部分で裏づけを明確にする必要があります。

ここでいう「裏づけ」というのは、具体的な基準・標準などのこと。

不良品の発生が工場内でどれだけあるかを明確にし、そのデータや部署の目標などを踏まえながら、具体的な数字であらわします。

期限を区切ることも大切です。実際に期限がないと「やりたい」という願望だけで終わってしまいがちです。自分が行動に移すためにも、また部下やチームを動かすためにも期限を区切ることが重要になります。

目標に抽象的な言葉は使わない

トレーナーの大鹿辰己は、「目標はできるだけ数値化することが大切だ」と言います。

製造業の場合は、比較的データなどをとりやすいですが、営業やスタッフ部門、サービス業などでは、数値化しにくいケースが多々あります。

たとえば、「ブランドイメージを高める」「顧客満足度を上げる」という目標の場合、「どうする」の部分を数値化するのは簡単ではありません。

それでも、できるだけ数値化する工夫をすることで、情熱と責任感をもって目標達成に向けて進むことができます。また、具体的にどれだけ改善できたかを数値で実感することができます。

たとえば、「顧客満足度を上げる」の場合、「店舗のトイレをキレイにする」という目標では不十分です。「1時間に1度、スタッフが交替でトイレそうじをする」というように、目標達成の基準を示すことが必要になります。

目標を設定するうえでは、抽象的な言葉を使わないのもポイントです。
たとえば、次のような言葉です。

・頑張る
・効率を上げる
・徹底する
・対応する
・検討する

あいまいな言葉を使うと、目標達成ができなかったときの逃げ道をつくることになってしまいます。「頑張りました」という基準では主観でしか判断できません。
そういう意味でも、具体的な数値に置き換えることは大切なのです。

LECTURE

91 どんなことでも期限を決める

トヨタでは、目標にかぎらず、すべての仕事にきちんと期限を決めています。

たとえば、上司と部下がお互いに納得して「これをやろう」と取り決めたとします。するると、上司は「じゃあ、2週間後に見に来るからやっといて」と期限を決め、任せてしまうことが多い。そして、2週間がたったとき、上司は期限を忘れず、何をどこまでやったかを確認しに来ます。

トレーナーの山本政治は、トヨタ時代に、3億円の予算を与えられ、「このプロジェクトを1年半でやりなさい」と上司に言われたことがありました。

そのプロジェクトは、アメリカとイギリスで製造した車を輸入し、日本国内で売るというもの。そのため輸入車を日本国内の基準に合うように試作製造し、それにもとづいて外国で製造し、輸入後は車の整備もしなくてはなりませんでした。

誰がどこの部署で何をするのか、どういう設備がいるのかという人員と設備の問題もあります。それらを1年半ですべてやれということでした。

山本は当時をこう振り返ります。


「1年半の期限が来るまでは、上司は『頑張れよ』と言うだけでした。納期だけ決められ、あとは任される。期限が来るまでの間、部長も次長もまったく口を出してきませんでした」

「緊急ではないけれど重要な仕事」を逃がさない

トヨタではどんなことでも、絶対に期限を決めます。そして、期限を決めたことは、それまでに必ずやるのです。

「2週間後に来るからね」と言ったら、それまでは上司は部下に対してやさしい。途中の段階で、仕事があまり進んでいなくても、何も言いません。なんでのろのろとやっているんだ、と怒ることもない。

ただ、期限の2週間後に来てみて、何も手をつけておらず、行動を起こしていなかったら、ものすごく叱られます。

すべての仕事に期限を与え、与えた期間内での行動はすべて部下に任せる。それがトヨタの仕事のやり方なのです。


あなたの仕事の中には、期限があいまいになっているものはないでしょうか。

緊急な仕事は、急ぎなのですから期限を意識して仕事をします。しかし、日頃の仕事に忙殺されて、戦略や企画を考えたり、人材教育をしたりといった重要な仕事には手がまわりにくい。また、課題設定型問題解決などのように「緊急ではないけれど重要な仕事」は、あとまわしにしがちです。

しかし、緊急ではない仕事ほどしっかり期限を決めることが大切です。その際、必ず、上司や同僚と期限を共有しておきます。自分一人だけで決めた期限は、「まあ、いいいか」と先送りしがちです。

LECTURE

92 「あるべき姿」に近づくための「目標」をつくる

目標を決めるときに気をつけたいポイントがあります。

それは、「あるべき姿」と「目標」とは必ずしも一致しないということ。これは、特に問題解決をするうえでよく発生するミスです。

特に高いレベルの「あるべき姿」を掲げる場合は要注意。たとえば、「A商品を業界ナンバーワンブランドにする」というのが「あるべき姿」であれば、「A商品を業界ナンバーワンブランドにする」は目標になりません。

「A商品の国内売上を前年対比20％アップ」

「A商品の国外売上を前年対比50％アップ」

「A商品の国内での認知度を30ポイントアップ」

このように具体的な目標になっていなければなりません。

「業界ナンバーワンブランドにする」という大きなあるべき姿は、ひとつの対策や目標達成では到達できないのが普通です。あるべき姿を実現するには、通常、複数の目標を達成したり、ステップを踏んだりする必要があります。

「あるべき姿」＝「目標」ではない

トレーナーの柴田毅は、「土台ができていないうちに、いきなり大きなあるべき姿を目指しても簡単には実現しない」と言います。

柴田は、ある自治体から、「新庁舎への移転に合わせて事務所の5S（特に整理・整頓）の指導をしてほしい」という依頼を受けました。

新庁舎の事務スペースは、現在の庁舎の3分の2に縮小されるのですが、現在の庁舎には捨てられずにあふれかえった資料やダンボール箱がいっぱい。これらを3分の1に削減し、整頓するのが、喫緊の課題だったのです。

「あるべき姿」と「目標」は一致させない

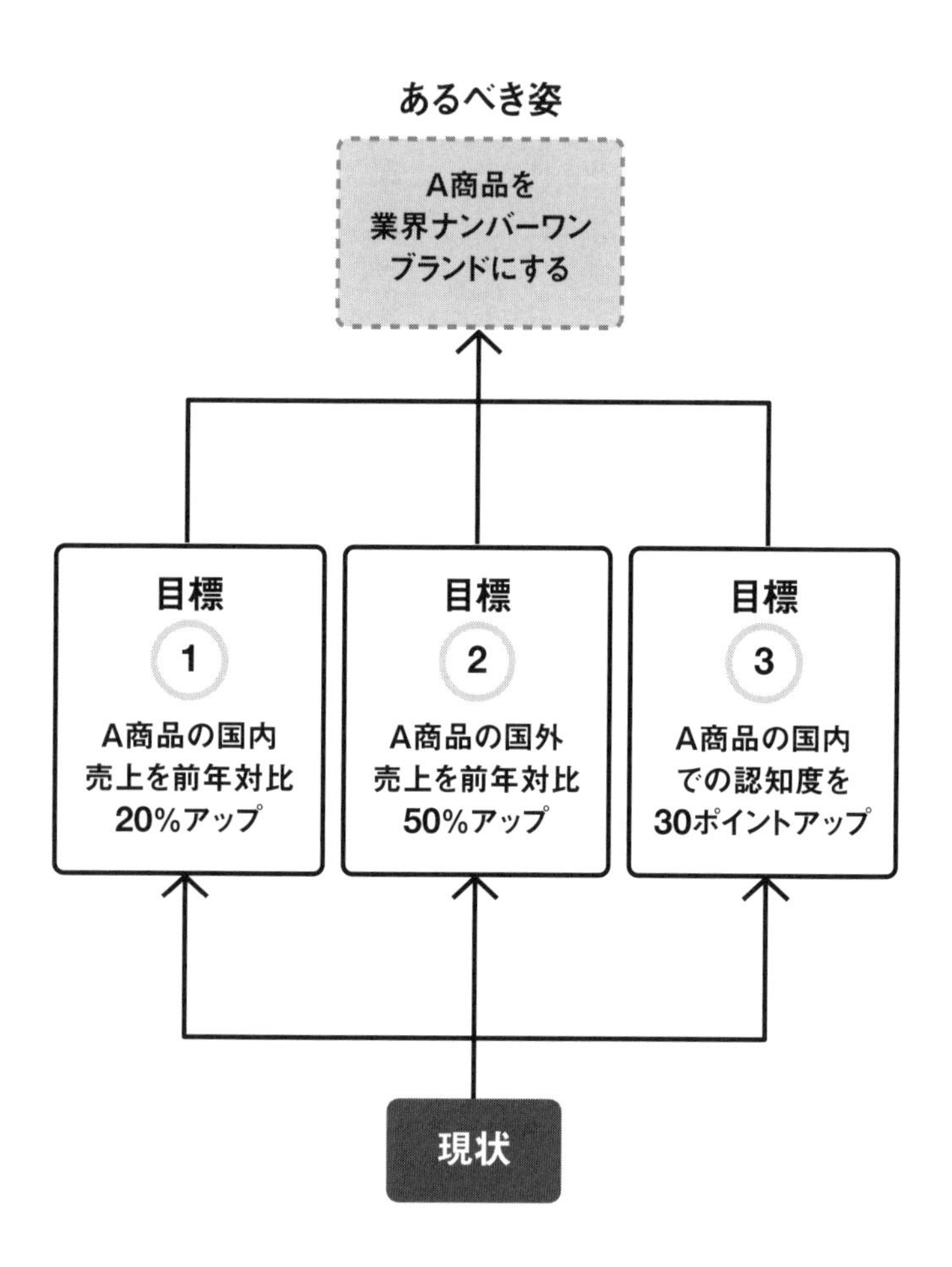

この場合、「5Sを実行して新庁舎に無事引っ越すこと」がいわば目標です。

しかし、これはあるべき姿とは違います。5S指導に入るにあたって、柴田が職員にヒアリングしてわかったことは、職員にとってのあるべき姿とは、「住民サービスを充実させて住民に喜んでもらうこと」でした。

「新庁舎への引っ越し」と「住民サービス」は、一見、関係がないように思えるかもしれません。

しかし、新庁舎が整理・整頓されることにより、職員の仕事の質とスピードがアップすることは、住民サービスにつながります。

新庁舎への引っ越しの延長線上に「住民サービス」というあるべき姿があるのです。逆にいえば、新庁舎への引っ越しを成功させなければ、あるべき姿の達成はおぼつきません。

目標設定の段階では、「あるべき姿」を実現する目標ではなく、そこに至る過程としての目標を立てるのが原則です。

CHAPTER_7

実行力

LECTURE

93

「歯止め」をする

トヨタでは、成功のプロセス（成果）を一過性のもので終わらせることはしません。「しくみ」として定着させることが習慣的に行なわれています。これを「標準化」といいます。

簡単にいえば、「いつ、誰がやっても、同じようにできる」ようなしくみをつくることです。だから、トヨタでは一人の知恵や成果が共有され、各地の工場で同じように質の高い仕事を実行することができるのです。

トヨタには、作業の標準を示した「作業要領書」の類いがたくさん存在し、たとえ新人が入ってきても、ほかの人と同じように作業ができるようになっています。

そうした「標準」の管理の方法を決めて、当たり前のように標準が守られるようになることを「管理の定着」といいます。
トレーナーの大嶋弘は言います。

「『標準化』と『管理の定着』を、『歯止め』と呼んでいます。ひとつの問題が解決して一件落着ではなく、『歯止め』までやり遂げて、初めてトヨタの問題解決は完了するのです。そして、次の問題解決へと軸足を移す。つまり、トヨタの改善（問題解決）は、半永久的に続いていくのです」

「標準化」と「管理の定着」を行なう手順は、次のとおりです。

❶仮につくった作業のやり方を正式な「標準」にして公にする
❷管理の方法を決めて、標準類の制定をする
❸新しい（正しい）管理手法を周知徹底する
❹作業の正しいやり方を訓練する
❺維持されているかを現地・現物で確認する

手順❶❷までは、「歯止め」の段階ですが、手順❸❹のように、成果を関係部署に拡大していくことを、トヨタでは「横展」といいます。

これは文字どおり「横に展開する」ということで、自分たちがもっているノウハウを社内に広めること。

「お客様からのクレームを減らす」という問題を解決したら、そのプロセスを自分の部署だけではなく、ほかの部署などにもオープンにし、全社的に同じプロセスを共有するのです。

たとえば、ある営業担当が「お客様のニーズを把握できていない」という問題テーマに取り組んだ結果、お客様の属性や要望を書き込む「お客様ヒアリングシート」を作成したところ、問題が解決したとします。

そのときは、「お客様ヒアリングシート」を社内でオープンにし、ほかの営業担当やほかの営業所が統一のフォーマットとして使うようになれば、営業全体の底上げにつながります。これが「横展」の考え方です。

「標準化」と「横展」が現場力を強くする

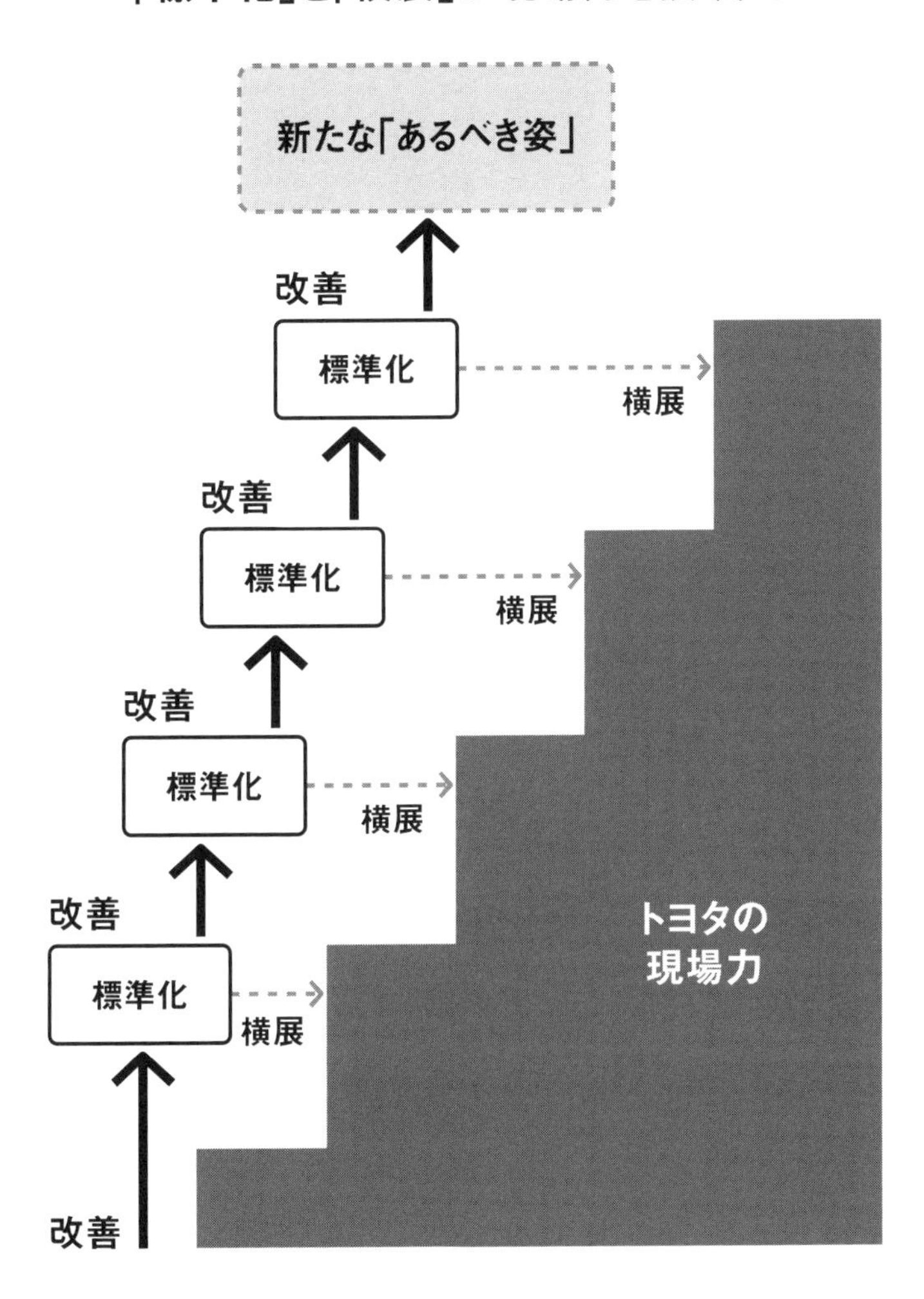

CHAPTER_7

実行力

LECTURE

94

成果は「横展」する

仕事の成果やノウハウを独り占めしようとする人は少なくありません。

たとえば、ある車種で動力の伝わり方がスムーズなアクセルペダルを開発できたとしたら、それをほかの車種でも流用したほうが、コストダウンになりますし、お客様のためにもなります。

しかし、それを「われわれの成果だから」と言って、開発した部署がその技術を囲い込んでしまったら、会社にとって大きな損失になるでしょう。

成果を独り占めしたくなる気持ちもわからなくはありませんが、自分のノウハウや成果をオープンにし、部署のほかの人にも共有してもらったほうが、会社全体の売上が上がり、会社への貢献度は大きくなります。

そこで、トヨタでは、「横展」が積極的に行なわれます。お互い盗んだり盗まれたりして、切磋琢磨する。トヨタでは、よいものができたらどんどんオープンにしていきます。自分だけよくなろうと隠す文化はありません。

たとえば、自分の作成した営業資料がお客様に好評で契約につながったのであれば、それをほかのメンバーや部署も使えるように共有する。そうしたほうがほかのメンバーや部署もハッピーですし、結果的にお客様もハッピーです。

もちろん、横展が正しく評価されるしくみも必要です。そのような環境にない職場で横展することに無力感を覚える人もいるかもしれませんが、出し惜しみすることなく横展していれば、必ず誰かが見てくれています。組織の上に立つほど、個人の成功例を組織全体の力に変えたいと思っているからです。

ただし、横展について誤解していただきたくないのは、上から「これをやりなさい」と組織全体に浸透させるのは、横展ではないという点です。「方針展開」といいます。経営者が「今日から整理・整頓を徹底しよう」と言っても、かけ声倒れに終わりがちなのは、横展になっていないから。

横展はあくまでも、現場の人から自主的に上がってきた改善を横に広げていくことです。現場の人たちでやり始めたことだから、ほかの部署にも広がっていくのです。

自分の職場以外でよいものは積極的に取り入れる

横展は、成果をオープンにするだけでなく、社内のほかの部署やよそでやっているよいものはどんどん取り入れるということでもあります。

トレーナーの原田敏男は、自分が改善指導する企業のプロジェクトメンバーを連れて、トヨタの工場見学に行ったことがあると言います。

指導先の企業は、当時、改善の成果が出始めていた頃で、改善に対する意識が高まっている時期でした。

トヨタの工場ラインを見たメンバーは、「工場内が整然と整理・整頓されている」「まったく手待ちの時間が発生していない」「作業者にムダな動きがない」などと、自分たちとのレベルの差を認識すると同時に、自分たちの工場でもマネできることはやってみようと、メンバーから声が上がりました。

彼らが自社工場に帰ってから、これまで以上に真剣に、改善に取り組んだのはいうまでもありません。

うまくいっている事例や成果を目の当たりにすると、それらを取り入れて、さらに上を目指そうという気持ちが高まっていきます。そして、また別のところがそれを横展して、さらにレベルアップしていくのです。

仕事に刺激を与えるという意味でも、モデルや目標となる人の仕事ぶりや職場を見学するのは効果的です。

たとえば、自分が憧れる職場の先輩に話を聞きに行ったり、会社の外の異業種の人々と交流したりすることも、大きな刺激になるでしょう。

トヨタの場合も、インフォーマル活動の一環として、同じ業界の会社やまったく異なる業種の会社の人たちと交流し、自分たちの学びとするような活動を積極的にしています。

いいものからは貪欲に学ぶ――。それがトヨタの現場が絶えず進化していく秘訣なのです。

LECTURE

95

組織に横串を通す

トレーナーの中山憲雄は、ある大企業から「組織に横串を通してほしい」と依頼され、現場指導に当たったことがあります。

その企業は、組織が大きいだけでなく各工場が子会社化されて、ほとんど交流がない状態でした。それゆえに、生産性や原価率、不良率といった数字の指標もバラバラ。製品の品質や作業者の能力にも差が出ていました。

指標を統一し、生産力の底上げをする必要があったのです。

そこで、横串を通す方法として導入されたのが「工場診断士」という社内資格。製造現場も知る技術職の数名を工場診断士として選抜し、各工場をまわってもらうようにしました。現場の生産効率を高めたり、作業者を教育するのが彼らの役割です。もっとわかりやすくいえば、「改善の文化」を全社的に定着させるのが狙いでした。

実は、工場診断士のモデルは、トヨタの生産調査部。大野耐一がつくった部署で、トヨタ生産方式を各工場に導入、指導する総本山のような組織でした。工場が生産調査部を迎えるときは、役職が下である生産調査部のメンバーに担当役員が頭を下げて出迎えていたほどで、それほど権威がありました。


とはいえ、指導を受ける工場にとって、工場診断士という肩書はピンときません。腕に「工場診断士」と書かれた金色の立派な腕章をつけていたとはいえ、最初は「余計なことをしないでほしい」という扱いだったといいます。

しかし、工場診断士が工場に入り、不良率を低減するような改善を指導すると、作業者たちの見る目に変化があらわれました。製品の不良が多いことは、作業者のモチベーションを大きく下げる結果となります。だからこそ、不良率を下げる改善は、現場に喜ばれました。

こうして、工場診断士は、全国の工場で改善実績を出すと同時に、指標も統一することに成功。現在では工場診断士は20名まで増員されています。

横展と定着が進む

工場診断士の大きなメリットがもうひとつあります。それは改善事例などの横展開と定着です。

ひとつの工場で成功した改善が、工場診断士を通じて、ほかの工場でも展開され、成果を出すようになったのです。かつて各工場が個別に改善活動をしていた頃には見られなかった成果です。

現在では、各工場の改善成果の報告会を開催することを告知すると、全国の工場から従業員が集まってきます。

生産している製品や環境に多少の違いはあるにせよ、似たような仕事をしているので、内容的にも興味深いはずですし、自分の工場でもすぐにマネできることがあります。それを持ち帰って、自分の工場流にアレンジを加え、さらに進化させていく。

このように改善を「横展」し、「定着」させると会社全体の生産性が底上げされていくのです。

LECTURE

96 0.5センチだけでも前に出る

トヨタでは、競争させることで、お互いのレベルアップを促すことがよくあります。

たとえば、トヨタの工場と外注先の工場で同じ車をつくらせる。外注先のほうがつくり方がうまく、生産性も高ければ、容赦なくトヨタの工場でやっていた仕事を外注先の工場にまわして、トヨタの工場のほうを縮小するという判断もします。

工場が縮小されれば、ほかの職場にまわされることになりますから、トヨタの従業員だからといって、あぐらをかいてはいられないのです。

また、工場内で、複数の組にまったく同じ仕事をさせることもあります。同じ仕事であれば、不良率や生産性などの指標は簡単に比較ができるので、お互いに「負けてなるものか」と切磋琢磨することになります。

トレーナーの加藤由昭は「トヨタにはそういう文化があるので、どこの職場にも個人レベルで0・5センチでも前に出ようと努力をする従業員がいた」と証言します。

「トヨタにいろいろなタイプの従業員がいますが、ほかの人よりも早く伸びる人、出世する人は、とんでもなく優秀というわけではなく、他人よりも少しでも努力をしたり、仕事でひと手間をかけたりしていました。

上司が困っていそうなことを前もってつかんで対策をとったり、まわりがイヤがるような仕事を率先してやったり……。そういう先輩を見てきたので、私にもできることはないかと考えて、休憩時間のために、チームのメンバー全員にコーヒーを淹れて手渡していました。仕事中のわずかな合間を見つけて準備をし、メンバーそれぞれの好みに合わせて砂糖やミルクを入れて、休憩時間に入ったと同時にパッと手渡す。

何げないことですが、ほかの人はやらないことなので、上司やまわりの人は喜んでくれますし、『あいつはちょっと違うな』と思ってもらえるだけの効果はあったはずです。今振り返ってみると、こうしてちょっとだけ『前に出る』ことが、その後の自己成長や周囲からの助けにつながったのだと思います」

仕事にひと手間加えるだけで差別化になる

まわりの何倍も努力するのは大変ですが、0・5センチでも前に出る努力を続けていれば、自分の能力やスキルの向上につながり、上司もその努力を評価し、チャンスを与えてくれます。自信にもなるでしょう。

最初からむずかしいことをする必要はありません。たとえば、上司から「コピーをとっておいて」と頼まれたら、単にコピーをするだけで済まさない。そのコピー用紙の用途に合わせて、ホチキスでとじたり、通し番号を振ったりする。上司が「こうなっているとうれしい」ということを考えて、仕事にひと手間加える。

誰でもできそうだけれど、実際にはやっていないことを日々続けられれば、十分に0・5センチ抜きん出ることができます。

上司の気持ちになって考えることがむずかしければ、いつもの自分がやっている仕事で0・5センチ前に出る努力をしてもいいでしょう。営業担当なら、営業電話をいつもより5本多くする。毎日の訪問先を1軒増やす。提出物を締め切りギリギリではなく1日早く出す。そうした前のめりの姿勢は、いつか必ず実を結びます。

CHAPTER_7

実行力

LECTURE

97 「全戦全勝」は目指さない

高い目標を設定する一方で、目標へと近づくプロセスもトヨタのリーダーたちは大切にしています。

トレーナーの原田敏男は、「仕事で勝ち続けることは不可能。だから、どれだけ進歩をしたかという視点も必要になる」と言います。

たとえば、プレスの仕事の究極的な目標は、不良を一件も出さないことです。しかし、どんなに精度の高い仕事をしても、不良をゼロにすることはできません。0・01%くらいはどうしても不良が出てしまう。

一日中、不良なくプレス機が動き続ければ、その日は目標達成ということになりますが、次の日に不良が出てしまえば目標は未達です。仕事で「全戦全勝」はありえません。

不良ゼロを目指すのはもちろんですが、不良ゼロの日をいかに増やすかも重要な指標となります。

10日間で不良ゼロの日が7日、不良が発生した日が3日あれば、7勝3敗。そうしたら、次の10日間では8勝2敗、9勝1敗を目指す。

このように、日々進化することを重視する。それを続けていれば、不良ゼロに確実に一歩近づくことができるのです。


こうした視点は部下指導でも大切です。特に若手の社員や仕事に習熟していない人に対しては、どれだけ進歩したかにフォーカスする。

実力や能力がある人に高い目標を設定するのは、成長を促すことにつながりますが、そうではない人にいきなり高い目標を設定して、それができなかったら責めるというのでは、どんどんやる気を失っていきます。

1勝9敗から2勝8敗になったら、褒めて評価してあげることによって、人は自信を得て成長していきます。

トレーナーの高木新治は、「最善を尽くすことが大事で、結果はどうでもいい」という言い方をしています。

「旋盤で削る作業は、狙いどおりに誤差なく削ることはまず不可能です。どんなに一生懸命集中して削っても、ほんのわずかプラスに振れたり、マイナスに振れる。プラスマイナスゼロを達成するのは神の領域なのです。

あらゆる仕事にも同じことがいえます。どんなに最善を尽くしても、プラスの結果になることもあれば、惜しくもマイナスの結果に終わることもある。だからこそ、結果だけでなく、最善を尽くしたかどうかのプロセスが重要なのです。最善を尽くしていれば、必ず勝率は上がっていきます」

あなたの仕事は昨日より今日のほうが進化しているでしょうか。

自分なりの目標をもって、一歩でも昨日を越える。その積み重ねを続けていれば、必ず大きな成果と自己成長につながります。

LECTURE

98 失敗を楽しむ

トヨタ中興の祖と呼ばれる豊田英二は、「失敗はキミの勉強代だ」と言って、失敗したことは記録に残しておくことを勧めていたといいます。

トレーナーの高木新治も、3交替制の部署で組長をしていたとき、「(引き継ぎ用の)申し送り帳にはうまくいったことだけではなく、失敗したことも書くように」と部下に指示していました。

「同じ仕事をしているほかの2つの組はうまくいった成果を中心に申し送り帳に記録していましたが、私たちの組はあえてむずかしい溶接の仕事にもチャレンジしていました。

失敗には、ミスによる単純な失敗と、困難なことにチャレンジした末の失敗の2種類があります。私たちの組は、後者の失敗も積極的に記録に残していました。

ほかの組と情報を共有するという目的もありましたが、チャレンジした末の失敗はメンバーの技能をアップさせ、大切な財産になります。私は目先の成果だけでなく、メンバーの溶接の腕を上げることにも比重を置いていたので、失敗を恥ずべきことではなく、成長の記録ととらえていたのです」

失敗するのは「かっこいい」

高木は、「仕事のモチベーションは、『面白いか、楽しいか、かっこいいか』に尽きる」と言います。

自分ができなかった仕事ができるようになったり、ほかの人が避けるようなむずかしい仕事で結果を出すのは、面白いし、楽しい。たとえまだ成果が出なくても、そうした仕事に挑んでいる姿勢はかっこいい。

人は失敗したくないので、どうしてもむずかしい仕事、新しい仕事にチャレンジせずに、得意な仕事、簡単な仕事をやりたがります。そこに仕事のモチベーションを見出すのは困難です。

　仕事で成果を上げる人は、積極的に失敗から学び、楽しみ、成長の糧（かて）にしているのです。

「失敗をしたくないから」といって実行しない。これほどかっこ悪いことはありません。チャレンジした末の失敗は、必ず誰かが見てくれています。失敗を楽しむくらいのつもりで、困難な仕事に挑戦しましょう。

おわりに

私たちOJTソリューションズのトレーナーたちは、40年にわたりトヨタの製造現場で培ってきた知見や経験をベースに、顧客企業の指導に当たっています。

顧客企業の現場の人たちの中には、「この指導に何の意味があるんだ」「目的に納得できないのでこのやり方は採用しない」と反発し、協力的ではない人もいますが、一般的に、そういう人物はメンバーから外して進めたほうがうまくいくと考えがちです。しかし、トレーナーの中には、あえて巻き込んでプロジェクトを進めるという人が少なくありません。

なぜなら、こういうタイプの人は、良くも悪くも信念をもち、普段からよく考えているからです。そのため、ひとたび味方についてくれれば百人力。アイデアもたくさん出るし、リーダーシップも発揮してくれる。どんどん伸びてくれるのです。

一方で、トレーナーの言葉に「はい」「わかりました」と言って、言われたとおりに行動する人もいます。プロジェクトを進めるうえでは楽ですが、このようなタイプは信念をもっておらず、自分で考えることもしないので、成長が遅いという傾向があります。

みなさんは、どちらのタイプでしょうか。

言われた仕事をそのとおりにこなすだけなら、ロボットにでもできる。これから人間の仕事がコンピュータやロボットに取って代わられていけば、会社や上司に指示されたことを忠実にこなすだけの人は、職場で活躍の場所を失っていくでしょう。

トヨタでは、「なぜそれをしないといけないのか」と上司に疑問をぶつける人がたくさんいたし、それに真剣に向き合う上司もいた、と多くのトレーナーが証言しています。

「なぜ？」と問題意識をもって仕事に取り組む人は、自分の頭で考え、自分なりにやり方を工夫し、仕事に付加価値を生むことができる。だから、役職が上がっても、より広く、深いマルチな見方ができるリーダーとして活躍していたといいます。

与えられた仕事をきちんとこなすことは大切ですが、常に「なぜ？」と問題意識をもって取り組む。そのほうが仕事は楽しくなり、成果も上がります。

そんな「なぜ？」の精神を、本書から身につけていただければ幸いです。

ＯＪＴソリューションズ

〔著者紹介〕

（株）OJTソリューションズ

2002年4月、トヨタ自動車とリクルートグループによって設立されたコンサルティング会社。トヨタ在籍40年以上のベテラン技術者が「トレーナー」となり、トヨタ時代の豊富な現場経験を活かしたOJT（On the Job Training）により、現場のコア人材を育て、変化に強い現場づくり、儲かる会社づくりを支援する。

本社は愛知県名古屋市。50人以上の元トヨタの「トレーナー」が所属し、製造業界・食品業界・医薬品業界・金融業界・自治体など、さまざまな業種の顧客企業にサービスを提供している。

主な書籍に20万部のベストセラー『トヨタの片づけ』をはじめ、『トヨタの問題解決』『トヨタの育て方』『［図解］トヨタの片づけ』『トヨタの上司』、文庫版の『トヨタの口ぐせ』（すべてKADOKAWA 中経出版）などシリーズ累計50万部を超える。

トヨタ　仕事の基本大全　（検印省略）

2015年2月23日　第1刷発行
2015年4月10日　第3刷発行

著　者　（株）OJTソリューションズ
発行者　川金　正法

発行所　株式会社KADOKAWA
〒102-8177　東京都千代田区富士見2-13-3
03-5216-8506（営業）
http://www.kadokawa.co.jp

編　集　中経出版
〒102-0071　東京都千代田区富士見1-8-19
03-3262-2124（編集）
http://www.chukei.co.jp

落丁・乱丁本はご面倒でも、下記KADOKAWA読者係にお送りください。

送料は小社負担でお取り替えいたします。

古書店で購入したものについては、お取り替えできません。

電話049-259-1100（9：00〜17：00／土日、祝日、年末年始を除く）

〒354-0041　埼玉県入間郡三芳町藤久保550-1

DTP／フォレスト　印刷／新日本印刷　製本／越後堂製本

ISBN978-4-04-601048-3　C2034